新型职业农民培育系列教材

脱毒马铃薯规模生产与经营

◎ 徐文华　庞顺家　白爱红　主编

中国农业科学技术出版社

图书在版编目（CIP）数据

脱毒马铃薯规模生产与经营／徐文华，庞顺家，白爱红主编. —北京：中国农业科学技术出版社，2017.3
ISBN 978 – 7 – 5116 – 3004 – 9

Ⅰ. ①脱…　Ⅱ. ①徐…②庞…③白…　Ⅲ. ①马铃薯 – 栽培技术　Ⅳ. ①S532

中国版本图书馆 CIP 数据核字（2017）第 044968 号

责任编辑　白姗姗
责任校对　贾海霞

出 版 者　中国农业科学技术出版社
　　　　　　北京市中关村南大街 12 号　邮编：100081
电　　话　(010)82106638(编辑室)　　(010)82109702(发行部)
　　　　　　(010)82109709(读者服务部)
传　　真　(010)82106650
网　　址　http://www.castp.cn
经 销 者　各地新华书店
印 刷 者　北京富泰印刷有限责任公司
开　　本　850mm ×1 168mm　1/32
印　　张　6.375
字　　数　165 千字
版　　次　2017 年 3 月第 1 版　2017 年 3 月第 1 次印刷
定　　价　28.90 元

《脱毒马铃薯规模生产与经营》
编　委　会

前　言

　　马铃薯，又名"土豆""洋芋""阳芋"或"山药蛋"等，是今天中国人餐桌上最常见的食物之一。作为一种高产粮食作物，马铃薯无疑是推动社会经济发展的助力之一。在某些盛产地区，马铃薯被磨制成粉，以商品的形式销往全国各地。

　　本书全面、系统地介绍了马铃薯种植的知识，包括马铃薯的生物学特性、播前准备及播种、播后苗期及苗期管理、块茎形成期管理、块茎膨大期管理、干物质积累期管理、收获与储藏、脱毒马铃薯种薯生产、经营管理常识等内容。

　　本书围绕大力培育新型职业农民，以满足职业农民朋友生产中的需求。重点介绍了马铃薯种植方面的成熟技术以及新型职业农民必备的基础知识。书中语言通俗易懂，技术深入浅出，实用性强，适合广大新型职业农民、基层农技人员学习参考。

编　者

2017 年 2 月

目　　录

第一章　马铃薯的生物学特性

马铃薯是茄科茄属多年生草本植物，但作一年生或一年两季栽培。生产应用的品种都属于茄属马铃薯亚属能形成地下块茎的种，染色体数 $2n=2x=48$。地下块茎呈圆、卵、椭圆等形，有芽眼，皮红、黄、白或紫色，可食用。

第一节　马铃薯的营养价值和用途

马铃薯是一种分布广泛、适应性强、产量高、营养价值丰富的宜粮、宜菜、宜饲、宜做工业原料等多种用途的粮食作物和经济作物。

一、马铃薯的营养价值

马铃薯是宝贵的营养食品，营养成分丰富齐全。马铃薯薯块中 76% ~85% 是水分，干物质含量为 15% ~24%，它的营养物质都在干物质中。马铃薯块茎中含有人体所不可缺少的六大营养物质：蛋白质、脂肪、糖类、粗纤维、矿物质和各种维生素，其中淀粉及糖类占 13% ~22%，蛋白质占 1.6% ~2.1%，除脂肪含量较低外，淀粉、蛋白质、维生素 C、维生素 B_1，维生素 B_2 以及 Fe 等微量元素的含量最为丰富，显著高于其他作物。

马铃薯蛋白质营养价值很高，且拥有人体所必需的 6 种氨基酸，特别是富含谷类缺少的赖氨酸，因而马铃薯与谷类混合食用可提高蛋白质利用率。马铃薯鲜块茎中一般含蛋白质 1.6% ~2.1%，高者可达 2.7% 以上，薯干中蛋白质含量为 8% ~9%，其质量与动物蛋白相近，可与鸡蛋媲美，属于完全蛋白质，易消化吸收，优于其他作物的蛋白质。蛋白质中含有

18 种氨基酸，包括人体不能合成的各种必需氨基酸，如赖氨酸、色氨酸、组氨酸、精氨酸、苯丙氨酸、缬氨酸、亮氨酸、异亮氨酸等。

1. 脂肪

马铃薯脂肪含量较低，占鲜块茎的 0.1% 左右，相当于粮食作物的 1/5 ~ 1/2。茎叶中的脂肪含量高于块茎，为 0.7% ~ 1.0%。

2. 糖类

马铃薯块茎的含糖量较高，一般为 13.9% ~ 21.9%，其中 85% 左右是淀粉。块茎中淀粉含量一般为 11% ~ 22%，一般早熟品种淀粉含量为 11% ~ 14%，中晚熟品种淀粉含量为 14% ~ 20%，高淀粉品种块茎可达 25% 以上。马铃薯淀粉中支链淀粉占 72% ~ 82%，直链淀粉占 18% ~ 28%，淀粉粒体积大，较禾谷类作物的淀粉易于吸收。

3. 粗纤维

马铃薯鲜块茎中粗纤维含量为 0.6% ~ 0.8%，低于莜面和玉米面，比小米、大米和面粉高 2 ~ 12 倍。

4. 矿质元素

马铃薯还是一个矿物质宝库，各种矿物质是苹果的几倍至几十倍不等，500g 马铃薯的营养价值大约相当于 1 750g 的苹果。美国新泽西州立大学汉斯·费希尔博士和德国一些医科大学及医学院权威人士进行的一系列研究证明，如果人们每天只吃马铃薯，即使不补充其他任何食品，身体也能摄取 10 倍于传统食品中含有的维生素和 1.5 倍的铁。马铃薯块茎含有钾、钙、磷、铁、镁、硫、氯、硅、钠、硼、锰、锌、铜等人体生长发育和健康必不可少的无机元素，矿质元素的总量占其干物质的 2.12% ~ 7.48%，平均为 4.36%。马铃薯的矿物质多呈强碱性，为一般蔬菜所不及，对平衡食物的酸碱度与保持人体血液的中和具有显著的效果（表 1 - 1）。

表1-1 每100g 马铃薯可食部分矿物质含量

矿质元素	钙 （mg）	铁 （mg）	磷 （mg）	钾 （mg）	钠 （mg）	铜 （mg）	镁 （mg）	锌 （μg）	硒 （μg）
含量	47	0.5	64	302	0.7	0.12	23	0.18	0.78

5. 维生素

马铃薯含有多种维生素，种类之多为许多作物所不及。它含有维生素 A（胡萝卜素）、维生素 B_1（硫胺素）、维生素 B_2（核黄素）、维生素 B_5（泛酸）、维生素 PP（尼克酸亦称烟酸）、维生素 B_6（吡哆醇）、维生素 C（抗坏血酸）、维生素 H（生物素）、维生素 K（凝血维生素）、及维生素 M（叶酸）等。其中以维生素 C 含量最丰富，在鲜块茎中占 0.02% ~ 0.04%，比去皮苹果高 50%。一个成年人每天食用 0.5kg 马铃薯，即可满足体内对维生素 C 的全部需要量。因此，马铃薯是所有粮食作物中维生素含量最全的，其含量相当于胡萝卜的 2 倍、大白菜的 3 倍、番茄的 4 倍，B 族维生素更是苹果的 4 倍。特别是马铃薯中含有禾谷类粮食所没有的胡萝卜素和维生素 C，其所含的维生素 C 是苹果的 10 倍，且耐加热。有营养学家做过实验，0.25kg 的新鲜马铃薯便够一个人一昼夜消耗所需要的维生素（表1-2）。

表1-2 马铃薯块茎中的维生素含量

维生素种类	含量（mg/100g）
A（胡萝卜素）	0.028 ~ 0.060
B_1（硫胺素）	0.024 ~ 0.20
B_2（核黄素）	0.075 ~ 0.20
B_6（吡哆醇）	0.009 ~ 0.25
C（抗坏血酸）	5 ~ 50
PP（烟酸或称尼克酸）	0.0008 ~ 0.001
H（生物素）	1.7 ~ 1.9
K（凝血维生素）	0.0016 ~ 0.002
P（柠檬酸）	25 ~ 40

总之，若以 5kg 马铃薯折合 1kg 粮食，马铃薯的营养成分大

大超过大米、面粉。由于马铃薯的营养丰富和养分平衡，益于健康，已被许多国家所重视，欧美一些国家把马铃薯当做保健食品。法国人称马铃薯为"地下苹果"，俄罗斯称马铃薯为"第二面包"，认为"马铃薯的营养价值与烹饪的多样化是任何一种农产品不可与之相比的"。美国农业部高度评价马铃薯的营养价值，指出，"每餐只吃全脂奶粉和马铃薯，便可以得到人体所需的一切营养元素"，并指出"马铃薯将是世界粮食市场上的一种主要食品"。

需要指出的是，马铃薯储存时如果暴露在光线下，会变绿，同时有毒物质会增加。马铃薯的致毒成分为茄碱（$C_{45}H_{73}O_{15}N$），又称马铃薯毒素，是一种弱碱性的甙生物碱，又名龙葵甙，可溶于水，遇醋酸极易分解，高热、煮透亦能解毒。龙葵素具有腐蚀性、溶血性、并对运动中枢及呼吸中枢有麻痹作用。每100g马铃薯含龙葵甙仅 5～10mg，而未成熟、青紫皮的马铃薯或发芽马铃薯含龙葵甙增至 25～60mg，甚至高达 430mg，所以食用时麻口，大量食用未成熟或发芽马铃薯可引起急性中毒（在 100g 鲜块茎中龙葵素含量超过 20mg，人食后就会中毒）。食用发芽马铃薯中毒时会出现恶心、呕吐、腹痛、腹泻、水及电解质紊乱、血压下降、昏迷、呼吸中枢麻痹等现象。发芽马铃薯芽眼部分变紫也会使有毒物质积累，食用时要注意。马铃薯块茎在发芽或表皮变绿时会增加龙葵素的含量，或有的品种龙葵素含量高，因此在块茎发芽或表皮变绿时一定要把芽和芽眼挖掉，削去绿皮才能食用，凡麻口的块茎或马铃薯制品，一定不要食用，以防中毒。

二、马铃薯的用途

马铃薯具有多种用途，它既是粮又是菜，也是发展畜牧业的良好饲料，还是轻工业、食品工业、医药制造业的重要加工原料。

1. 马铃薯是粮菜兼用作物

作为粮食作物，马铃薯具有发热量高的特点，块茎单位重量干物质所提供的食物热量高于所有的禾谷类作物。因此，马铃薯在当今人类食物中占有重要地位。

作为蔬菜，它具有耐储藏和维生素 C 含量高的特点，是北方地区主要冬贮蔬菜品种之一。而且马铃薯也创造了"超级蔬菜"的神话。马铃薯既可煎、炒、烹、炸，又可烧、煮、炖、扒，烹调出几十种美味菜肴，还可"强化"和"膨化"。20 世纪 50 年代以来，马铃薯快餐食品风靡全球，美味可口的薯片、薯条受到男女老幼的喜爱。目前，世界上有不少国家已把马铃薯列为主食，还用它来制作点心等小食品。

2. 工业原料

马铃薯是轻工业、食品工业、医药制造业的重要加工原料。以马铃薯为原料，可以制造出淀粉、酒精、葡萄糖、合成橡胶、人造丝等几十种工业产品。以马铃薯淀粉为原料经过进一步深加工可以得到葡萄糖、果糖、麦芽糖、糊精、柠檬酸以及氧化淀粉、酯化淀粉、醚化淀粉、阳离子淀粉、交联淀粉、接枝共聚淀粉等 2 000 多种具有不同用途的产品，广泛应用于食品工业、纺织工业、印刷业、医药制造业、铸造工业、造纸工业、化学工业、建材业、农业等许多部门。

3. 饲料

作为饲料作物，马铃薯单位面积上可获得的饲料单位和粗蛋白高于燕麦、黑麦、大麦、玉米和饲料甜菜。马铃薯的鲜茎叶和块茎均可做青贮饲料（表 1－3）。

表 1－3　几种作物每公顷产的饲料单位和可消化的蛋白质数量

（单位：kg）

作物	马铃薯	燕麦	大麦	冬黑麦	玉米	饲料甜菜	箭舌豌豆
饲料单位	2 764.4	1 214.0	1 327.7	1 302.6	2 362.3	1 715.6	1 181.1
可消化蛋白质	91.7	75.6	63.3	76.8	82.3	61.8	173.2

4. 绿肥

马铃薯是很好的绿肥作物。一般情况下，马铃薯每亩可产鲜茎叶 2 000kg，可折合化肥 20kg。马铃薯为喜钾作物，从土壤中吸收的氮磷肥较少，茎叶含氮、磷、钾高于紫云英，因此是很好的绿肥作物，很受农民欢迎（表 1 - 4）。

表 1 - 4　马铃薯茎叶氮、磷、钾含量与紫云英含量的比较

作物	N（%）	P_2O_5（%）	K_2O（%）
紫云英	0. 48	0. 09	0. 37
马铃薯	0. 49	0. 13	0. 42

另外，马铃薯在作物轮作制中是肥茬，宜做多种作物的前茬。种过马铃薯的地，地肥草少，土壤疏松，通透性好，成为作物轮作制中良好的前茬作物。

5. 马铃薯的药用价值

中医认为马铃薯"性平味甘无毒，能健脾和胃，益气调中，缓急止痛，通利大便。对脾胃虚弱、消化不良、肠胃不和、脘腹作痛、大便不畅的患者效果显著"。现代研究证明，马铃薯对调解消化不良有特效，是胃病和心脏病患者的良药及优质保健品。马铃薯淀粉在人体内吸收速度慢，是糖尿病患者的理想食疗蔬菜；马铃薯中含有大量的优质纤维素，在肠道内可以供给肠道微生物大量营养，促进肠道微生物生长发育；同时还可以促进肠道蠕动，保持肠道水分，有预防便秘和防治癌症等作用；马铃薯中钾的含量极高，每周吃五六个马铃薯，可降低中风的几率，对调解消化不良又有特效；它还有防治神经性脱发的作用，用新鲜马铃薯片反复涂擦脱发的部位，对促进头发再生有显著的效果。

马铃薯生育期短，播种期伸缩性大，一般只要能保证它生育日数的需要，则可随时播种，因此当其他作物在生育期间遭受严重的自然灾害而无法继续种植时，马铃薯又是很好的补救

作物。

马铃薯还是理想的间、套、复种作物，可与粮、棉、烟、菜、药等作物间套复种，有效地提高了土地与光能利用率，增加了单位面积作物总产量。

三、发展马铃薯产业的意义

1. 我国马铃薯产业在世界上占有重要地位

全世界共有 150 多个国家和地区种植马铃薯，马铃薯种植面积约为 2 000 万 hm^2 *，总产量约 3.3 亿 t。其中我国的种植面积达 500 多万 hm^2，大体占世界的 25%，亚洲的 60%；总产量达 7 000 多万 t，大体占世界的 20% 和亚洲的 70%，在世界均居领先地位。

2. 发展马铃薯产业可以有效增强我国粮食安全保障

近年来，全球气候变暖趋势日趋明显，已经对粮食生产产生重要影响。联合国有关机构发布的报告说，如果全球气温升高 3.6℃，到 2050 年，中国的稻米将减产 5% ~ 12%，全球将会有 1.32 亿人挨饿。在全球粮食增产受到气候变暖威胁的同时，全球耕地面积的增加很有限，并制约着粮食产量的增加。

在过去几年里，由于农业种植业结构的调整，我国三大主要粮食作物的种植面积和总产量有所下降，且三大粮食作物的平均单产已高于世界平均水平，大幅度增产难度较大，只有马铃薯可以通过科技进步大幅度提高产量和品质。并且，马铃薯是冬作农业发展中潜力巨大的作物。据初步统计，目前全国耕地面积的近 2/3，计 8 000 万 hm^2 处于冬闲状态。可以利用南方冬作区和中原二季作区的冬闲田发展马铃薯生产，提高耕地复种指数，有效地扩大农作物种植面积，起到缓解人地矛盾的作用。

---

* 1 亩 ≈ 667m²，1hm² = 15 亩。全书同

3. 发展马铃薯产业可以有效增加贫困地区农民收入

据有关专家介绍，如果采用新品种、新工艺，我国马铃薯的单产水平可以提高一倍以上，这就意味着可以在总播种面积不变的情况下增加产量 1 亿 t 以上，仅此一项就可增加农民收入 1 000 亿元以上，经济效益非常可观。

我国贫困人口集中在西部地区，西北和西南 10 个省、市、自治区（甘肃、内蒙古自治区、山西、陕西、青海、宁夏回族自治区、云南、贵州、四川、重庆）马铃薯种植面积达到了 370 多万 hm²，占全国的 77%。在一些不适于种植其他作物的农业边际地区，马铃薯在进一步提高产量和生产力方面具有较大的潜力。按种植面积计算，马铃薯排在水稻、小麦、玉米、大豆之后，但按单产计算，马铃薯却是水稻的 2 倍、玉米的 3 倍、小麦、大豆的 4~5 倍。而按生产者实现的产值计算，马铃薯分别比其他主要农作物高 2.5~4 倍。并且，我国现有的耕地面积中有 60% 以上的耕地为旱地。研究表明，在干旱、半干旱地区，春谷子、荞麦、春小麦、马铃薯等主要粮食作物，如以丰水年产量为 100%，各种作物在干旱年份的产量分别为：谷子 55%，荞麦 57%，春小麦 58%，马铃薯 76%。马铃薯的生育期较短，再生能力强，对风、雹等自然灾害有一定的抵抗力，又是很好的救灾作物。

4. 发展马铃薯产业可以部分缓解生物能源原料匮乏问题

生物能源产业的兴起，加剧了粮食市场供需矛盾。"十一五"期间，我国已明确提出，发展燃料乙醇应重点推进不与粮食争地的非粮食作物如薯类、甜高粱、甘蔗及植物纤维的原料替代。由于薯类的增产潜力较大，单位面积上乙醇产量增加的潜力也很可观，这样就可以做到在不减少粮食供给或不增加耕地的基础上，提供更多的生物能源原料。

5. 马铃薯产业具有较高的产业关联度

马铃薯变性淀粉广泛用于食品、造纸、纺织、制革、涂料、工业废水净化、农业、园艺、纺织、铸造、医疗、造纸、石油钻探及环卫等多个领域。马铃薯产品的加工具有较长的增值链条，是朝阳产业和贫困地区脱贫致富的支柱产业。

6. 马铃薯加工行业具有良好成长性

马铃薯贸易具有良好的发展前景。近年来，国际市场上的马铃薯淀粉供应趋紧，2006 年因全球马铃薯淀粉供需矛盾突出，导致淀粉价格在不到一个月时间每吨上涨 1 000 多元。我国各类马铃薯产品的出口额均呈现增长势头，随着我国企业加工技术和能力的提高，马铃薯加工品的出口比重将有望进一步提高。

7. 马铃薯产业是我国具有国际竞争力的农业产业之一

我国是马铃薯淀粉应用大国，目前人均应用量仅为每年 5kg/人，与发达国家 30 ~ 40kg/人的水平相比差距较大。随着人民生活水平和工业发展水平的不断提高，高品质的马铃薯淀粉的生产应用量还将大幅度提高。随着各发达国家农产品出口补贴的取消，遵循市场公平竞争原则并依托雄厚资源优势的中国马铃薯加工业，将会进军欧美等国际市场，形成具有国际竞争力的、不可多得的优势产业。我国马铃薯产业具有原料资源、成本价格、市场容量等多方面的优势，发展前景广阔。

第二节　马铃薯的产量形成与品质

一、马铃薯的产量形成

（一）马铃薯的产量形成特点

1. 产品器官是无性器官

马铃薯的产品器官是块茎，是无性器官，因此在马铃薯生长过程中，对外界条件的需求，前、后期较一致，人为控制环境条件较容易，较易获得稳产高产。

2. 产量形成时间长

马铃薯出苗后 7 ~ 10d 匍匐茎伸长，再经 10 ~ 15d，顶端开始膨大形成块茎，直到成熟，经历 60~100d 的时间。产量形成时间长，因而产量高而稳定。

3. 马铃薯的库容潜力大

马铃薯块茎的可塑性大，一是因为茎具有无限生长的特点，块茎是茎的变态仍具有这一特点，二是因为块茎在整个膨大过程中不断进行细胞分裂和增大，同时块茎的周皮细胞也作相应的分裂增殖，这就在理论上提供了块茎具备无限膨大的生理基础。马铃薯的单株结薯层数可因种薯处理、播深、培土等不同而变化，从而使单株结薯数发生变化。马铃薯对外界环境条件反应敏感，受到土壤、肥料、水分、温度或田间管理等方面的影响，其产量变化大。

4. 经济系数高

马铃薯地上茎叶通过光合作用所同化的碳水化合物，能够在生育早期就直接输送到块茎这一储藏器官中去，其"代谢源"与"储藏库"之间的关系，不像谷类作物那样要经过生殖器官分化、开花、授粉、受精、结实等一系列复杂的过程，这就在形成产品的过程中，可以节约大量的能量。同时，马铃薯块茎干物质的 83% 左右是碳水化合物。因此，马铃薯的经济系数高，丰产性强。

（二）马铃薯的淀粉积累

1. 马铃薯块茎淀粉积累规律

块茎淀粉含量的高低是马铃薯食用和工业利用价值的重要依据。一般栽培品种，块茎淀粉含量为 12%~22%，占块茎干物质的 72%~80%。

块茎淀粉含量自块茎形成之日起就逐渐增加，直到茎叶全部枯死之前达到最大值。单株淀粉积累速度是块茎形成期缓慢，块茎增长至成熟期逐渐加快，成熟期呈直线增加，积累速率为 2.5~3g/d·株。各时期块茎淀粉含量始终高于叶片和茎秆淀粉含量，并与块茎增长期前叶片淀粉含量、全生育期茎秆淀粉含量呈正相关，即块茎淀粉含量决定于叶子制造有机物的能力，更决定于茎秆的运输能力和块茎的贮积能力。

全生育期块茎淀粉粒直径呈上升趋势，且与块茎淀粉含量呈显著或极显著正相关。

块茎淀粉含量因品种特性、气候条件、土壤类型及栽培条件而异。晚熟品种淀粉含量高于早熟品种，长日照条件和降雨量少时块茎淀粉含量提高。壤土上栽培较黏土上栽培的淀粉含量高。氮肥施用量多，则块茎淀粉含量低，但可提高块茎产量。钾能促进叶子中的淀粉形成，并促进淀粉从叶片向块茎转移。

2. 干物质积累分配与淀粉积累

马铃薯一生单株干物质积累呈"S"形曲线变化。出苗至块茎形成期干物质积累量小，且主要用于叶部自身建设和维持代谢活动，叶片中干物质积累量占全部干物质的54%以上。块茎形成期至成熟期干物质积累量大，并随着块茎形成和增长，干物质分配中心转向块茎，块茎中积累量约占55%。成熟期，由于部分叶片死亡脱落，单株干重略有下降，而且原来储存在茎叶中的干物质的20%以上也转移到块茎中去，块茎干重占总干重的75%～82%。总之，全株干物质在各器官分配前期以茎叶为主，后期以块茎为主，单株干物质积累量愈多，则产量和淀粉含量愈高。

二、马铃薯的品质

马铃薯按用途可分为鲜食型、食品加工型、淀粉加工型、种用型几类。不同用途的马铃薯其品质要求也不同。

（一）鲜食型马铃薯

鲜食型薯，要求薯形整齐、表皮光滑、芽眼少而浅，块茎大小适中、无变绿；出口鲜薯要求黄皮黄肉或红皮黄肉，薯形长圆或椭圆形，食味品质好，不麻口，蛋白质含量高，淀粉含量适中等。块茎食用品质的高低通常用食用价来表示。食用价=蛋白质含量/淀粉含量×100，食用价高的，营养价值也高。

（二）食品加工型马铃薯

目前我国马铃薯食品加工产品有炸薯条、炸薯片、脱水制品等，但最主要的加工产品仍为炸薯条和炸薯片。二者对块茎的品质要求如下。

1. 块茎外观

表皮薄而光滑，芽眼少而浅，皮色为乳黄色或黄棕色，薯形整齐。炸薯片要求块茎圆球形，大小40～60mm为宜。炸薯条要求薯形长而厚，薯块大而宽肩者（两头平），大小在50mm以上或200g以上。

2. 块茎内部结构

薯肉为白色或乳白色，炸薯条也可用薯肉淡黄色或黄色的块茎。块茎髓部长而窄，无空心、黑心、异色等。

3. 干物质含量

干物质含量高可降低炸片和炸条的含油量，缩短油炸时间，减少耗油量，同时可提高成品产量和质量。一般油炸食品要求22%～25%的干物质含量。干物质含量过高，生产出来的食品比较硬（薯片要求酥脆，薯条要求外酥内软），质量变差。由于比重与干物质含量有绝对的相关关系，故在实际当中，一般用测定比重来间接测定干物质含量。炸片要求比重高于1.080，炸条要求比重高于1.085。

4. 还原糖含量

还原糖含量的高低是油炸食品加工中对块茎品质要求最为严格的指标。还原糖含量高，在加工过程中，还原糖和氨基酸进行所谓的"美拉反应"（Maillard Reaction），使薯片、薯条表面颜色加深为不受消费者欢迎的棕褐色，并使成品变味，质量严重下降。理想的还原糖含量约为鲜重的0.1%，上限不超过0.30%（炸片）或0.50%（炸薯条）。块茎还原糖含量的高低，与品种、收获时的成熟度、储存温度和时间等有关。尤其是低温储藏会明显升高块茎还原糖含量。

（三）淀粉加工型马铃薯

淀粉含量的高低是淀粉加工时首要考虑的品质指标。因为淀粉含量每相差1%，生产同样多的淀粉，其原料相差6%。作为淀粉加工用品种，其淀粉含量应在16%或以上。块茎大小以50～100g为宜，大块茎（100～150g者）和小块茎（50g以下者）淀粉含量均较低。为了提高淀粉的白度，应选用皮肉色浅的品种。

（四）种用型马铃薯

1. 种薯健康

种薯要不含有块茎传播的各种病毒病害、真菌和细菌病害。纯度要高。

2. 种薯小型化

块茎大小以25～50g为宜，小块茎既可以保持块茎无病和较强的生活力，又可以实行整播，还可以减轻运输压力和费用，节省用种量，降低生产成本。

第二章　播前准备及播种

第一节　区域生态与种植模式

一、区域生产与种植模式

(一) 栽培季节

马铃薯的栽培方式多种多样，根据栽培季节可分为早春保护地栽培（保护设施有日光温室，拱圆形大棚、中棚和小棚，地膜覆盖栽培）、春季露地栽培和秋季栽培等。加工原料薯生产主要是春季露地栽培，目前基本上没有进行保护地栽培的，其原因是成本高，相对来说收购价格偏低，经济效益不如种植鲜薯。

目前有相当面积的马铃薯是与其他作物进行间作套种栽培的，可以间作套种的作物包括粮食作物、蔬菜作物、瓜类作物等。通过间作套种可以充分利用自然资源，提高单位面积的产值。与粮食作物间作套种，既可以保证粮食安全，又能增加农民的经济收入，是一种很好的种植模式。

(二) 茬口安排

因为保护地生产保护设施投资较大，所以为充分发挥大棚的作用，应搞好茬口安排。

(1) 日光温室的茬口安排：日光温室的保温效果较好，一般于马铃薯栽培之前进行一茬喜温蔬菜秋延迟生产，例如秋延迟栽培黄瓜、番茄等。马铃薯于黄瓜、番茄拉秧之前30d进行催芽，前茬作物收获后及时整地播种马铃薯，马铃薯收获后可以接种西瓜、甜瓜等。西瓜、甜瓜也应提前30d育苗，如果采用嫁接栽培，则应提前45d左右育苗。

（2）大拱棚三膜覆盖栽培的茬口安排：利用大拱棚进行秋冬菠菜生产，10月初播种，元旦前后收获，1月上中旬播种马铃薯。马铃薯收获后定植辣椒、茄子、西红柿等，也可以种植西瓜、甜瓜、豆角等。前三种作物应提前60d左右开始育苗。这茬作物收获后，再播种耐热的速生蔬菜，如夏白菜、越夏萝卜等。

（3）大田栽培茬口安排：春季生产中的茬口安排有以下几种，一是可以和多种作物间作套种，马铃薯收获后间作或套种作物生长，间作或套种作物收获后种植秋茬作物。二是马铃薯收获后种植一茬耐热的速生作物，如耐热蔬菜、绿豆等。这茬作物收获后种植秋季蔬菜，如大白菜、萝卜、花椰菜、秋甘蓝等。三是马铃薯收获后接茬生长期较长的秋季作物，如大葱等。

二、主要栽培模式及栽培季节

绿色食品马铃薯的栽培模式及栽培季节与普通马铃薯相同，只是栽培措施、水肥措施及农药的使用种类与时期要求更严格一些。

（一）保护地类型及栽培季节

马铃薯保护地生产要求有适宜的环境条件，故在外界气候不适宜植株生长的季节里，要稍加保护植株方可生长。在冬季不太寒冷的地方，利用简易的日光温室和塑料大棚就可以安全地进行马铃薯生产。因为利用了一定的防护设施，所以保护地栽培又叫设施栽培。目前生产中应用较多的保护地栽培方式主要有以下几种。

1. 单坡面日光温室栽培

因为单坡面日光温室坐北朝南，三面有围墙保温，太阳光直射大棚棚面，所以有利于棚内增温和保温。实践表明，单坡面日光温室在冬季的保温效果较好，适当采用保温覆盖物覆盖就可进行马铃薯冬季栽培生产。

2. 拱圆形塑料大棚三膜覆盖栽培

这一栽培模式是在大拱棚内增加一层小拱棚和地膜，形成三层膜覆盖。据试验，当太阳照射到大棚表面时，80%～90%的短波辐射可透过薄膜进入棚内变成热能，使大棚内的空气和土壤增温。而塑料薄膜又能阻止棚内以长波辐射的热能向外扩散（长波辐射透过薄膜的量只有6%～10%），从而达到增温和保温的目的。据测定，在山东地区从12月到翌年1月大棚内气温最低，夜间一般都低于0℃，不适合马铃薯生长。大棚内覆盖一层小拱棚后，小拱棚内的温度可提高3～5℃，小拱棚内再进行地膜覆盖后，气温又能增加1℃左右，同时地温也有明显地增加。通过三层薄膜覆盖以后，1月中旬前后棚内的土壤温度最低可达到3℃，因而可以进行马铃薯播种。实践证明，在山东省多数地区采用三膜覆盖可于1月中旬前后播种。

3. 中拱棚双膜覆盖栽培

中拱棚是指高1.5m左右，同时覆盖4～6垄马铃薯的塑料棚。一般采用双膜覆盖，即一层棚膜和一层地膜。中拱棚双膜覆盖的增温效果和保温效果都不如大拱棚三膜覆盖，因此播种时间应当延后，在山东省多数地区可于2月初播种。

4. 小拱棚双膜覆盖栽培

小拱棚一般只能覆盖2～3垄马铃薯。因为小拱棚内空间小，贮存的热量少，所以保温效果次于中拱棚。播种时间一般为2月中下旬。

5. 阳畦栽培

阳畦栽培所采用的阳畦是普通蔬菜育苗用的阳畦。因为能够采用保温覆盖物覆盖，所以保温性能比较好，可于1月中旬前后播种。

（二）露地栽培类型及栽培季节

（1）春季地膜覆盖栽培：这是目前生产中主要的栽培模式，

先开沟播种，培土起垄后覆盖地膜。播种时间因地区不同而略有差异，在山东省自西向东的播种时间是2月底到3月中旬。

（2）秋季栽培：在山东省各地都可以进行秋季栽培，目前限制秋季栽培的主要因素是缺乏适宜的优良种薯。秋季栽培的播种时间与地区有关，一般昼夜温差大、气候冷凉的地区可于7月底播种，其他地区"立秋"前后播种。

第二节　地块选择与基本建设

一、适宜的土壤类型

马铃薯是浅根系作物，吸收范围较小，同时块茎生长发育需要充足的氧气，因而要求土壤有机质含量多、土层深厚、质地疏松、排灌条件好。因此，种植马铃薯以壤土和沙壤土为好。但这并不是说其他种类的土壤就不能种植马铃薯，事实上，只要管理措施得当，几乎所有类型的土质都能种植马铃薯。轻质壤土透气性好，具有较好的保水保肥能力，播种后块茎发芽快、出苗整齐、发根快，有利于块茎膨大，块茎淀粉含量高、薯皮光滑、薯形整齐。

土壤质地能显著影响土壤的渗透性、保水性、肥力水平、结块性和耕作性等。排水良好的沙壤土是最适合种植马铃薯的土壤，这类土壤保水性好，透气性好、有利于根系和块茎生长发育，也有利于种植和收获。

在粉沙壤土、粉质黏壤土、沙质黏壤土上也能成功地种植马铃薯。黏土地由于下雨后泥泞，干燥后又容易板结，在干燥时收获容易产生土坷垃，土壤潮湿时收获又容易使块茎粘有泥巴，所以一般不适合种植马铃薯。

黏性较大的土壤可以种植马铃薯，但需要采取一些增加土壤透气性的技术措施，例如增施含作物秸秆多的有机肥、秸秆还田、采用地膜覆盖栽培、不要大水漫灌等。如果土壤板结，必须及时划锄。黏性大的土壤保水保肥能力强，植株"后劲大",不易早衰,因此增产潜力较大,有望获得高产。但因为黏土地的透气性差,薯块表面的光滑度不如沙土地上的好。

在沙性土壤上种植马铃薯不宜一次性施足基肥,主要原因是这种土壤的保水保肥能力差。浇水或下雨后水分迅速下渗,同时将溶于水中的营养元素带到土壤深层或随水流失,到植株生长的中后期由于土壤肥力不足而出现早衰现象,不能形成应有的产量。因此,在沙性土壤上种植马铃薯,应该基肥和种肥并重,即将所要施用的肥料一部分作基肥,一部分作追肥。

二、马铃薯对土壤 pH 值的要求

土壤 pH 值反映了土壤的盐碱程度,pH 值为 $7.1 \sim 14.0$ 是碱性土壤,pH 值低于 7 为酸性土壤,pH 值越低说明酸性越大。土壤 pH 值在 $6 \sim 7$ 的范围内多数土壤营养都可以被利用。pH 值高于或低于这一范围营养的可利用率就开始下降。强酸性土壤中可利用的钙、镁含量降低,而可溶性铝、铁和硼的含量增加,可溶性钼的含量降低;在碱性土壤中钙、镁、钼的含量增加,镁的含量减少。在酸性和碱性土壤中磷的可利用率降低,这是因为磷酸盐被固定。试验结果表明,当土壤 pH 值由 $4.3 \sim 5.1$ 提高到 $4.7 \sim 5.5$ 时,块茎产量增加,pH 值继续提高到 $5.8 \sim 6.5$ 产量还能增加;还有试验表明,pH 值在 $4.8 \sim 7.1$ 时,产量没有差别,但是 pH 值再增加,产量就开始受到影响。因此,马铃薯适合的土壤 pH 值是 $5.5 \sim 6.5$。

第三节 地下害虫及土传病害的防治

一、地下害虫防治技术

(一)地老虎

1. 生活习性和为害症状

地老虎为夜盗蛾,以幼虫为害作物,又称切根虫。地老虎有许多种,为害马铃薯的主要是小地老虎、黄地老虎和大地老虎。

地老虎是杂食性害虫，1~2龄幼虫为害幼苗嫩叶，3龄后转入地下为害根、茎，5~6龄为害最重，可将幼苗茎从地面咬断，造成缺株断垄，影响产量。特别对于用种子繁殖的实生苗威胁最大。地老虎分布很广，各地都有发现（图2-1、图2-2）。

图2-1　小地老虎幼虫

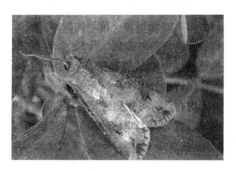

图2-2　小地老虎成虫

地老虎可一年发生数代。小地老虎每头雌蛾可产卵800~1 000粒，黄地老虎可产卵300~400粒。产卵后7~13d孵化为幼虫，幼虫6个龄期共30~40d。

2. 防治措施

（1）清除田间及地边杂草，使成虫产卵远离田，减少幼虫为害。

（2）用毒饵诱杀：以80%的敌百虫可湿性粉剂500g加水溶化后和炒熟的棉籽饼或菜籽饼20kg拌匀，或用灰灰菜、刺儿菜等鲜草约80kg，切碎和药拌匀作毒饵，于傍晚撒在幼苗根的附近地面上诱杀。

（3）用灯光或黑光灯诱杀成虫效果良好。

（二）蛴螬

1. 生活习性和为害症状

蛴螬为金龟子的幼虫。金龟子种类较多，各地均有发生。幼虫在地下为害马铃薯的根和块茎。其幼虫可把马铃薯的根部咬食成乱麻状，把幼嫩块茎吃掉大半，在老块茎上咬食成孔洞，严重时造成田间死苗。

金龟子种类不同虫体也大小不等，但幼虫均为圆筒形，体白、头红褐或黄褐色、尾灰色。虫体常弯曲成马蹄形。成虫产卵土中，每次产卵20~30粒，多的100粒左右，9~30d孵化成幼虫。幼虫冬季潜入深层土中越冬，在10cm深的土壤温度5℃左右时，上升活动，土温在13~18℃时为蛴螬活动高峰期。土温高达23℃时即向土层深处活动，低于5℃时转入土下越冬。金龟子完成1代需要1~2年，幼虫期有的长达400d（图2-3、图2-4）。

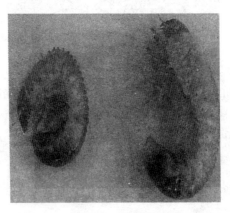

图2-3 蛴螬幼虫

图 2 - 4　蛴螬成虫（金龟子）

2. 防治措施

（1）毒土防治：用 80% 的敌百虫可湿性粉剂 500g 加水稀释，而后拌入 35kg 细土中，能供 1 亩地应用。在播种时施入穴内或沟中。

（2）施用农家肥料时要经高温发酵，使肥料充分腐熟，以便杀死幼虫和虫卵。

（三）蝼蛄

1. 生活习性和为害症状

蝼蛄是各地普遍存在的地下害虫。河北、山东、河南、苏北、皖北、陕西和辽宁等省的盐碱地和砂壤地为害最重。常在 3—4 月开始活动，昼伏夜出，于表土下潜行咬食马铃薯的根，或把嫩茎咬断，造成幼苗枯死或缺苗断垄（图 2 - 5）。

蝼蛄在华北地区 3 年完成一代，在黄淮海地区 2 年完成一代。成虫在土中 1.0 ~ 15cm 处产卵，每次产卵 120 ~ 160 粒，最多达 528 粒。卵期 25d 左右，初孵化出的若虫为白色，而后呈黑棕色。成虫和若虫均于土中越冬，洞穴最深可达 1.6m。

图 2 - 5 蝼蛄

2. 防治措施

（1）毒饵诱杀：可用菜籽饼、棉籽饼或麦麸、秕谷等炒熟后，以 25kg 食料拌入 90% 晶体敌百虫 1.5kg，在害虫活动的地点于傍晚撒在地面上毒杀。

（2）黑光灯诱杀：于 19 ~ 22 时在没有作物的平地上以黑光灯诱杀。尤其在天气闷热的雨前夜晚诱杀效果最好。

（四）金针虫

1. 生活习性和为害症状

金针虫是叩头虫的幼虫，各地均有分布。在土中活动常咬食马铃薯的根和幼苗，并钻进块茎中取食，使块茎丧失商品价值。咬食块茎过程还可传病或造成块茎腐烂。

叩头虫为褐色或灰褐色甲虫，体形较长，头部可上下活动并使之弹跳。幼虫体细长，20 ~ 30mm，外皮金黄色、坚硬、有光泽。叩头虫完成一代要经过 3 年左右，幼虫期最长。成虫于土壤 3 ~ 5cm 深处产卵，每只可产卵 100 粒左右。35 ~ 40d 孵化为幼虫，刚孵化的幼虫为白色，而后变黄。幼虫于冬季进入土壤深处，3—4 月 10cm 深处土温 6℃ 左右时，开始上升活动，土温 10 ~ 16℃ 为其为害盛期。温度达 21 ~ 26℃ 时又入土较深（图 2 - 6）。

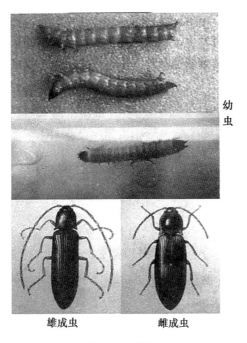

幼虫

雄成虫   雌成虫

图 2 - 6 蝼蛄

2. 防治措施

用毒土防治效果好。同蛴螬防治法。

二、杀死土传病虫害

入冬前一些地下害虫深入地下做越冬准备，冬耕可把这些入土较深的害虫、虫卵以及虫蛹翻到地表使之冻死，经过深翻后土壤里的一些病原菌也能被冻死。此外，由于冬耕后土壤疏松、孔隙度增大，土壤的冻层加深，有利于冻死部分深层的病原菌和害虫，从而显著减少土壤病原菌和害虫的数量。

第四节　整地施肥

一、整地

（一）冬耕的作用及时间

秋季作物收获后，到翌年春季种植马铃薯还有 3 个多月。这期间正是天寒地冻的冬季，土地处于冬闲状态，生产要求把土壤耕翻晒垡。

（1）冬耕可以熟化土壤：土壤冬耕后，经过不断上冻和化冻，使其熟化、结构疏松。

（2）增强土壤的储能性：土壤经过冬耕熟化后变得疏松，透气性好，因而土层内气体的储量、水分的储量都有所增加，春季土壤温度回升的速度加快。因为土壤的理化性质得到了改善，所以也有利于土壤养分的分解。

（3）冬耕的适宜时间及深度：冬耕土壤的主要目的是靠低温消灭土传病虫害。在晚秋季节，随着温度的降低，地下害虫逐渐下潜到深层土壤中越冬或化蛹，成虫也把卵产在土壤较深的地方。如果冬耕偏早，害虫有可能继续下潜到不受冻的土层内，达不到杀灭的目的。适宜的冬耕时期是在开始上冻之前，这样害虫就没有下潜的机会了。

冬耕应该尽可能深耕，一般以 35～40cm 为好，至少要在30cm 左右。

（二）整地方法

马铃薯的产品器官——块茎着生于土壤中，其生长发育及膨大需要充足的氧气，因此要求土壤具有良好的透气性，同时要求土壤含水量适宜，灌溉或下雨后土壤不板结。由此可见，马铃薯对土壤是比较挑剔的。马铃薯田首先要进行深冬耕，开春化冻后及时旋耕打碎土块，然后耙平。如果冬季干旱，早春要提前灌水造墒，然后旋耕耙平。

二、施肥

（一）肥料种类

1. 尿素

尿素 [CO (NH$_2$)$_2$] 氮含量45%～46%，是固体氮肥中含氮量最高的氮肥品种，也是我国重点发展的氮肥品种（图2－7）。

图2－7　尿素

（1）性质：

①白色结晶，易溶于水；它在水中的溶解度比 NH$_4$NO$_3$ 小，但比硫铵大，在水溶液中呈中性。

②干燥时具有良好的物理性状，但在高温、高湿条件下易潮解，在工业生产上常在其中加入疏水物质或制成颗粒状以降低尿素的吸湿性。

③尿素本身不含有缩二脲，但在生产过程中会产生缩二脲，含量高时对作物生长有害作用，尿素中缩二脲的含量要求不超过1%。

（2）施入土壤中的转化：尿素施入土壤后，溶解在土壤溶液中，一部分以分子态形式存在于土壤溶液中；一部分尿素分子能与黏土矿物或腐殖质以氢键的方式结合在一起，在一定程度上能减少尿素的流失；主要的是 $CO(NH_2)_2$ 在土壤中脲酶的作用下水解转化为 $(NH_4)_2CO_3$，在中性反应条件，适当的含水量时，温度越高，分解转化越快，这个水解过程，夏天 1～3d 即可完成，冬天大概要 7d 左右。

由于尿素在土壤中水解转化产生的 $(NH_4)_2CO_3$ 不稳定，会有氨的挥发等损失，所以尿素的施用应深施覆土。

尿素转化为 $(NH_4)_2CO_3$ 后，使土壤 pH 值上升，但是随着硝化作用的进行和作物对 NH_4^+ 的吸收，pH 值又会有所下降，所以总体上讲在一般用量条件下尿素对土壤酸碱反应影响不大。

（3）施用：尿素可做基肥和追肥，不宜做种肥和在秧田上施用，因为高浓度的尿素，会使蛋白质结构受到破坏，使蛋白质变性，使种子难于发芽，幼苗难于生长，即使是要做种肥施用，也要控制用量，而且要与种子分开。

尿素不管是做基肥还是做追肥施用，都要求深追覆土以减少氨的挥发损失。

①做基肥水田要考虑到尿素在施入土壤的最初阶段大部分以分子态存在，流动性大，易流失，施用后翻耕入土，不要急于灌水，要等尿素转化为氨态氮后再灌水。旱地应深施覆土10cm 左右，以减少 NH_3 的挥发损失。

②做追肥因为尿素在土壤中的转化需要一定的时间，所以肥效比氨态氮肥和硝态氮肥慢，做追肥时要提前几天施用。水田尽量做到浅水施用，撒施后结合中耕除草，使土壤与肥料充分混合在一起，2～3d 内不要急于灌水，以减少尿素的流失，同时有利于尿素的转化。旱地施用要均匀，以免烧伤幼苗，土壤干燥时可以对水施用或施到湿润土层中以利于转化。

2. 过磷酸钙

过磷酸钙，又称过磷酸石灰，简称普钙，是我国目前生产最多的一种化学磷肥。含 P_2O_5 14% ~20%（图2 –8）。

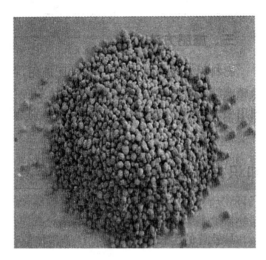

图2 –8 过磷酸钙

（1）性质：灰白色粉末状或颗粒状，呈酸性反应，并具有一定的吸湿性和腐蚀性，吸湿结块后，易发生磷酸退化作用。

（2）施入土壤中的转化：过磷酸钙施于土壤后，其中所含的水溶性磷，除一部分通过生物作用转化为有机态外，大部分磷则被土壤吸附或产生化学沉淀作用而被固定，使磷的有效性降低。过磷酸钙的利用率较低，一般只有10% ~25%。

（3）施用：过磷酸钙无论施于何种土壤上，都易发生磷的固定，移动性变小。因此，合理施用过磷酸钙的原则是：减少其与土壤的接触面积，以减少土壤对磷的吸附固定；增加作物根群的接触机会，以提高磷酸钙的利用率。具体施用方法有以下几种：集中施用、分层施用、与有机肥料混合施用、作根外追肥施用。

3. 硫酸钾

一般以明矾石或钾镁矾为主要原料，经煅烧加工而成，含 K_2O 50% ~52%（图2 –9）。

图 2 − 9　硫酸钾

（1）性质：为白色结晶，溶于水，吸湿性少，贮存时不易结块，亦属化学中性、生理酸性肥料。

（2）在土壤中的转化：在土壤溶液中钾呈离子状态，与土壤胶体产生离子交换。

酸性土壤中，K^+ 与胶体上的 H^+、Al^{3+} 产生离子交换，使 H^+ 浓度升高，再加上生理酸性的影响，使 pH 值迅速下降，而且大量 Al^{3+} 存在易产生铝毒，所以应配施石灰和有机肥。

中性土壤中，K^+ 与胶体上的 Ca^{2+} 产生代换作用，形成 $CaSO_4$，溶解度较小，对土壤脱钙程度也较小，酸化速度比氯化钾缓慢。由于 K_2SO_4 的生理酸性，会使土壤变酸，所以要配施石灰，防止酸化。

石灰性土壤有大量 $CaCO_3$，可以中和酸性，不致变酸。

（3）施用：硫酸钾是一种无氯钾肥。适用范围比氯化钾广泛，但数量少，价格贵，故应首先用于对氯敏感又喜钾喜硫的作物上，如烟草、茶叶、葡萄、甜菜、西瓜和马铃薯等作物。

（二）施肥量

每公顷用尿素 75 ~ 150kg，过磷酸钙 450 ~ 600kg，硫酸钾 375 ~ 750kg。

（三）施肥方法

肥料用量较少时，应集中作种肥施用，在下种时，将有机肥（或有机肥配施化肥）顺下种沟条施或施于薯块穴上，然后覆土，当幼芽向上生长时，幼根可直接吸收营养，有利于提高肥料的利用率。化肥做种肥增产效果显著，特别是氮、磷、钾配合效果最好。

第五节　品种选择及种薯处理

一、常用的马铃薯优良品种

由于马铃薯在亲缘种间进行杂交不困难，并可利用块茎进行无性繁殖，使遗传性保持稳定，因此马铃薯的品种实际上是杂交种。20世纪以来，由于广泛利用野生种与栽培种杂交，培育出来的新品种中多属杂交种。

马铃薯按皮色分有白皮、黄皮、红皮和紫皮等品种；按薯块肉质颜色分为黄肉种和白肉种；按薯块形状分为球形、椭圆形、长筒形和卵形等品种。在栽培上常依块茎成熟期分为早熟、中熟和晚熟三种，从出苗至块茎成熟的天数分别为 50～70d、80～90d、100d 以上。按块茎休眠期的长短又可分为无休眠期、休眠期短（1个月左右）和休眠期长（3个月以上）三种。

马铃薯品种按用途，一般可分为菜用型、淀粉加工型、油炸食品加工型等。

（一）菜用型品种

菜用型品种的要求：薯形圆形或椭圆形，薯形美观，白皮白肉或黄皮黄肉，色泽好、芽眼浅，食味优良，炒、煮、蒸口感好，淀粉含量中等，一般在 12%～17%，高维生素 C 含量（>250mg/kg 鲜薯），粗蛋白质含量 2.0% 以上，龙葵素 200mg/kg 以下，食味好，有薯香味，无麻味，煎、炒时不易成糊状。大小整齐，商品薯率 85% 以上，耐储藏，耐长途运输，符合出口标准。

1. 东农 303

该品种为我国双季、极早熟脱毒马铃薯菜用品种，由原东北农学院培育（图 2 - 10）。

（1）品种特性：早熟，从出苗到收获 60d 左右。株型直立，茎秆粗壮，分枝中等，株高 45cm 左右，茎绿色。叶色浅绿，复叶较大，叶缘平展，花冠白色，不能天然结实。块茎扁卵形，黄皮黄肉，表皮光滑，芽眼较浅。结薯集中，单株结薯 6 ~ 7 个，块茎大小中等。块茎休眠期较长。淀粉含量 13.1% ~ 14.0%，蒸食品质优，食味佳。植株感晚疫病，高抗花叶病毒病，轻感卷叶病毒病，耐纺锤块茎类病毒。

（2）产量：一般产量 1 500 ~ 2 000kg/亩，高的可达 2 500kg 以上。

（3）栽培要求：适宜密度为每亩 4 000 ~ 4 500 株。上等水肥地块种植，苗期和孕蕾期不能缺水。适应性广，适宜和其他作物套种。适合在东北、华北等地种植。

2. 早大白

属早熟菜用型品种，由辽宁本溪马铃薯研究所育成（图 2 - 11）。

图 2 - 10　东农 303

图 2 - 11　早大白

（1）品种特性：早熟品种，从出苗到成熟 55 ~ 60d。植株半直立，繁茂性中等，株高 50 ~ 60cm，茎叶绿色，花冠白色，天然结实性偏弱。块茎扁圆形，白皮白肉，表面光滑，芽眼小较浅。结薯集中，单株结薯 3~4 个，大中薯率高，商品性好。块茎休眠期中等。淀粉含量 11%~13%，食味中等，耐贮性一般。苗期喜温抗旱，耐病毒病，较抗环腐病，感晚疫病。

（2）产量：一般产量 2 000kg/亩。

（3）栽培要求：地块选排灌良好的沙壤土，适宜密度为每亩 4 500~5 000 株。适合在山东、辽宁、河北和江苏等地种植。

3. 费乌瑞它

由荷兰引入，因在各地表现良好，有很多别名，如荷兰 7、荷兰 15、鲁引 1 号、津引 8 号、粤引 85~38、早大黄等（图 2-12）。

（1）品种特性：早熟，出苗后 60~65d 可收获。株型直立，分枝少，株高 50~60cm。根系发达，茎粗壮、基部紫褐色，复叶宽大肥厚深绿色，叶缘有轻微波状，生长势强。花冠蓝紫色，可天然结实。块茎扁长椭圆形，顶部圆形。皮肉淡黄色，表皮光滑细腻，芽眼少而浅平。结薯集中，单株结薯 4 个左右。淀粉 12%~14%，品质好适宜鲜食，茎休眠期 50d 左右。易感晚疫病，轻感环腐病和青枯病。

（2）产量：一般产量 2 000kg/亩。

（3）栽培要求：该品种喜肥水，产量潜力大，要求地力中上等。适宜密度为每亩 4 000~4 500 株，注意厚培土。适合中原各省及山东、广东等地作为出口商品薯栽培。

4. 中薯 3 号

属中早期菜用型品种，由中国农业科学院蔬菜花卉研究所育成（图 2-13）。

（1）品种特性：早熟，从出苗至收获 65~70d。株型直立，分枝少，株高 55~60cm。茎绿色，叶色浅绿，复叶大，叶缘波状，生长势强。花序总梗绿色，花冠白色而繁茂，能天然结实。薯块椭圆形，顶部圆形，浅黄色皮肉，薯皮光滑，芽眼少而浅。匍匐茎短，结薯集中，单株结薯 4~5 个，较整齐。薯块大，大

图 2-12　费乌瑞它

图 2-13　中薯 3 号

中薯率达 90%，商品性好。块茎休眠期 60d 左右。块茎淀粉含量达 12%，食味好。田间表现抗重花病毒和卷叶病毒，不抗晚疫病，不感疮痂病。

（2）产量：一般产量 2 000kg/亩。

（3）栽培要求：选土质疏松、灌排方便地块，适宜密度为每亩 4 500 株。适宜北京、中原各省和南方种植。

5. 新大坪

属菜用型品种，系定西市安定区农技中心在历年引进试验马铃薯品种（系）中筛选而来，亲本不详，2005 年通过甘肃省审定。适宜于干旱、半干旱地区种植，是甘肃省定西、临夏等地的主栽品种之一（图 2-14）。

图 2-14　新大坪

（1）品种特性：中熟品种。幼苗长势强，成株繁茂，株型半直立，分枝中等，株高 40~50cm，茎绿色，叶片肥大、墨绿色，茎粗 1.0~1.2cm。花白色。结薯集中，单株结薯 3~4 个，大中薯率85%左右。薯块椭圆形，白皮白肉。表皮光滑，芽眼较浅且少。薯块干物质含量27.8%，淀粉含量20.2%，含粗蛋白质2.67%，还原糖0.16%。生育期115d。田间抗马铃薯病毒病、中抗马铃薯早疫病和晚疫病，薯块休眠期中等，抗旱耐瘠。

（2）产量：平均产量1 200～1 500kg/亩。

（3）栽培要求：增施农肥，定量配方施肥，高寒阴湿及二阴山区以4月中下旬播种为宜，半干旱地区以4月中上旬为宜。旱薄地每公顷种植2 500～3 000株，高寒阴湿及川水保灌区4 000～5 000株为宜。

6. 黑美人

中熟品种，由兰州陇神航天育种研究所经过航天育种育成的品种。

（1）品种特性：幼苗直立，生长势强。株高60cm，茎深紫色，分枝较少，叶色深绿，花冠紫色。薯块长椭圆形，表皮光滑，呈黑紫色，薯肉深紫色，还有丰富的抗氧化物质，经高温油炸后不需添加色素仍可保持原有的天然颜色，芽眼浅，结薯集中，单株结薯6～8个。淀粉含量13%～15%，粗蛋白质含量2.3%，维生素C鲜薯含量170mg/kg。耐旱耐寒性强，适应性广，抗早疫病、晚疫病、环腐病、黑胫病、病毒病。

（2）产量：一般产量2 000～2 500kg/亩。

（3）栽培要求：黑色马铃薯宜稀不宜密，适宜栽植密度为3 500株/亩左右，播种后及时镇压并整好垄形，喷除草剂后覆盖地膜。防治晚疫病。适宜全国马铃薯主产区、次产区栽培。

7. 陇薯一号

属中早熟菜用和淀粉加工兼用型品种，由甘肃省农业科学院粮食作物研究所育成。

（1）品种特性：株型开展，株高80～90cm。茎绿色，长势强，叶浓绿色，花白色。块茎扁圆或椭圆，皮肉淡黄，表皮粗糙，块茎大而整齐，芽眼浅。结薯集中，块茎休眠期短，耐储藏。生育期 85d 左右。薯块含淀粉 14.7% ~16.0%，还原糖 0.02%。轻感晚疫病，感环腐病和黑胫病，退化慢。

（2）产量：一般产量为 1 500 ~2 000kg/亩。

（3）栽培要求：适宜密度为每亩 5 000 株左右。适宜于二季做种植。应适当稀播，施足基肥。中耕管理要早。适应性较广，一、二季作均可种植。在甘肃、宁夏、新疆、四川和江苏有种植。

二、品种选择

在我国马铃薯生产中，不同生态地区对品种类型的要求是不同的，这在中原二季作地区尤为明显。因此，生产中应该根据当地的生态气候特点以及马铃薯品种的特性选择适宜的品种。例如中原二季作地区，由于春季播种出苗后很快就遇到高温、长日照季节，对中晚熟及晚熟品种结薯和块茎生长极为不利，往往产量很低甚至没有产量；秋季播种时正是高温多雨季节，不耐热的品种不能够正常出苗，也会影响产量。在这一地区，必须选用早熟、结薯集中且对温度和光照不敏感的品种。

三、选择种薯应注意的问题

（一）选用优质脱毒种薯

马铃薯在生长发育过程中很容易感染多种病毒而导致植株"退化"。采用退化植株的块茎作种薯，种薯出苗后植株即表现退化，不能正常生长，产量非常低。因此，目前生产中一般都采用脱毒种薯。种薯脱毒与否以及脱毒种薯质量如何是影响产量的主要因素。

（二）选用适宜品种

在山东省以及马铃薯春秋二季作地区，对马铃薯品种的要求非常严格，即在这些地区必须选用早熟或中早熟品种，中晚熟及晚熟品种是根本不能种植的。

（三）到可靠单位购种

目前，马铃薯种薯市场十分混乱，鱼目混珠现象非常严重，因此购买不可靠单位的种薯很容易上当。虽然有的也号称是脱毒种薯，但繁殖代数过高，种薯重新感染病毒而退化。

（四）仔细检查种块是否有病斑

带病种薯在催芽过程中会发生腐烂。

（五）选用薯形整齐、生理健壮的种薯

薯形整齐、块茎已经充分度过休眠期、生理年龄处于壮龄阶段的种薯是保证早出苗、苗齐、苗壮的首要条件。长久储藏失水严重的种薯已处于老龄阶段，易受病虫害侵染，而且出苗后早衰，不能形成高产量，这样的种薯应淘汰。

（六）选用通过审定或认定的品种

马铃薯是国家规定必须通过省级以上品种审定委员会审定的作物，未经审定的品种是不允许大面积推广的。因此，在选购马铃薯种薯时应了解所要购买的品种是否已经通过审定。如果不是审定品种，一般不要购买，因为这些品种未经过区域试验，其适应性、增产性、是否适合当地种植还不清楚，盲目种植会给生产带来严重损失。

四、种薯保存技术

种薯储藏的基本原则是不腐烂、不失水萎蔫、不过早发芽，播种后植株生长良好，商品产量高，影响上述几点的主要因素包括品种特性、种薯自身的质量状况、储藏环境等。因此，生产中首先应掌握品种的特性及适宜的储藏条件；其次要了解所买种薯的质量状况，即是否带有病菌；第三要熟悉储藏的环境条件，包括温度、湿度、通风状况等。

种薯储藏有两种情况，一是种薯生产者储藏，二是商品薯生产者（或农户）储藏。

（一）种子商储藏种薯的技术措施

首先应在土壤干燥时收刨。如果做不到这一点，则应于收刨后马上把块茎表面的水分晾干。收刨后的前两周把块茎储藏在 10～20℃的温度下，然后置于低温下。如果块茎健康状况较好，储藏温度可适当增高。

（二）生产者储藏种薯的技术措施

生产者储藏种薯应注意避免两个极端，一是储藏温度不能太低，否则播种后生长速度较慢，即使是休眠期通过了，但幼芽还未达到最佳生长状态，因而延迟出苗和结薯。二是储藏温度不能过高。温度过高易导致幼芽过长，在播种时需掰掉幼芽或被碰掉，播种后重新发芽导致出苗晚，降低产量。试验结果表明，分别把种薯贮存在 2℃和 20℃的环境中 4 个月，把在 20℃下贮存的种薯的芽掰掉后再播种，虽然二者的出苗时间没有差别，但 20℃下贮存的种薯植株生长缓慢，植株大小是 2℃下的 32%～82%。前者结薯时间早（平均早 10～15d），虽然前期产量高于 2℃下的种薯，但最终产量只是 2℃下的 65%。

最适宜的储藏条件是到播种时块茎幼芽达到 1～2cm，并开始快速生长。

第六节　播种技术

一、播种方法

（一）播种期的确定

播种期主要根据土壤温度来决定。马铃薯的适宜播种期一般应在土壤 10cm 深处土温达到 6～8℃时，进行播种。此时土壤水分要保持在 40%～50%。土壤水分低于 40%，应坐水播种。

黑龙江省适时播种的时期：早熟品种，在 4 月中旬左右播种；晚熟品种在 4 月下旬到 5 月初播种。

（二）播种方法

1. 播上垄

薯块播在地平面以上或与地平面同高称播上垄，此种播法适于涝害出现多的地区或易涝地块。特点：覆土薄、土温高，能提早出齐苗。一般常用的播上垄方法是在原垄台上开沟播种。

2. 播下垄

薯块播在地平面以下，称播下垄。岗地、多春旱的地区多用此法。特点：保墒好、土层厚，利于结薯，播种能多施有机肥，但易造成覆土过厚，土温降低，出苗慢，苗细弱。常用垄下播的方法有点老沟、原沟引墒种、耢台原沟播种等；播种时无论采用哪种播法，覆土厚度不应小于 7～9cm，在春风大的地区，覆土可适当加厚到 10～12cm，出苗前要采取耢地，使出苗整齐健壮。

合理密植的原则如下。

（1）肥地宜稀，瘦地宜密。

（2）一穴多株宜稀，一穴单株宜密。

（3）晚熟品种宜稀，早熟品种宜密。

（4）夏播留种田比春播生产田要密，以生产种薯为目的的要密些。

二、马铃薯播种方法

马铃薯播种方法以垄作为主，播法多种多样，共同的目的是为了抗旱保苗、增产和抗涝防烂保收。根据播种后薯块在土层中的位置，可分为三类。

（一）播上垄

薯块播在地平面以上或与地平面同高，称播上垄（图 2 - 15）。此种播法适于涝害出现多的地区或易涝地块。其特点是覆土薄、土温高，能提早出齐苗。因覆土浅，抗旱能力差，如遇到严重春旱时易造成缺苗。为防止春旱、缺苗，可以把薯块的芽眼朝下摆放，同时加强镇压来抗旱保苗。这种播法在播种时不易多施肥（应通过秋施肥来解决）。为了保证结薯期多培土，避免块茎外露晒绿，垄距不宜过窄并采用小铧深趟。

图2-15　播上垄

一般常用的播上垄方法是在原垄上开沟播种，即用犁破原垄开成浅沟（开沟深浅可视墒情而定），把薯块摆在浅沟中，同时施种肥（有机肥和化肥），再用犁趟起原垄沟上的土壤覆到原垄顶上合成原垄，镇压。

（二）播下垄

薯块播在地平面以下，称播下垄。岗地、多春旱的地区或早熟栽培时多用此法。这种播法特点是保墒好，土层厚，利于结薯，播种能多施有机肥。但易造成覆土过厚，土温降低，出苗慢，苗细弱。所以，一般应在出苗前耢一次垄台，减少覆土，提高地温，消灭杂草，促进早出苗、出苗齐。

常用播下垄的方法：点老沟、原沟引墒播种、耢台原沟播种等。

（1）点老沟：点老沟适于前茬是原垄或麦茬后垄地块，这种方法省工省事，利于抢墒，但不适于易涝地块。

（2）原垄沟引墒播种：在干旱地区或地块，为保证薯块所需水分，在原垄沟浅趟引出湿土后播种。如播期过晚也可采用原垄沟引墒播法。

（3）耢台原沟播种：在垄沟较深、墒情不好时可采用此法。沟内有较多的坐土，种床疏松，地温高，但晚播易旱。有伏秋翻地基础的麦茬、油菜茬等地块，可采用平播后起垄或随播随起垄的播法。平播后起垄可以播上垄也可以播下垄，主要取决于播在沟内还是两沟之间的地平线上。播种时多采用七铧犁开沟，深浅视墒情而定，按株距摆放薯块，滤肥（有机肥和化肥），而后再用七铧犁在两沟之间起垄覆土，随后用木磙子镇压一次，这样薯块处在地面上称为播上垄。此法适于春天墒情好、秋天易涝的地块。

（三）平播后起垄

播种时无论采用哪种播法，覆土厚度不应小于7cm，在春风大的地区，覆土可适当加厚到 10～12cm，出苗前要采取耢地，使出苗整齐健壮。除此以外，马铃薯种植方法还有芽栽、抱窝栽培、苗栽、种子栽培、地膜覆盖栽培等。芽栽和苗栽是用块茎萌发出来强壮的幼芽进行繁殖；抱窝栽培是根据马铃薯的腋芽在一定条件下都能发生匍匐茎结薯的特点，利用顶芽优势培育矮壮芽，提早出苗，深栽浅盖，分次培土，增施粪肥等措施，创造有利于匍匐茎发生和块茎形成的条件，促使增加结薯层次，使之层层结薯产量高。种子栽培能节省大量种薯，并能减轻黑胫病、环腐病及其他由种薯所传带的病害，因为种子小而不易露地直播，需育苗定植。地膜覆盖栽培，据各地经验，提高土壤温湿度可以促进生育，又起到保墒、保肥、土壤疏松的作用，也可以抑制杂草的滋生，为早熟高产创造了有利条件。

第三章　播后苗前及苗期管理

第一节　马铃薯苗期生长发育特点及管理

一、马铃薯的生长发育过程

马铃薯生育期划分是进行农业技术管理的重要依据。门福义等根据马铃薯茎叶生长与产量形成的相互关系，并结合我国北方一作区的生育特点，将马铃薯的生长发育过程划分为 6 个生育时期：芽条生长期、幼苗期、块茎形成期、块茎增长期、淀粉积累期、成熟期。

1. 芽条生长期

马铃薯的生育从块茎萌芽开始。从块茎萌芽（播种）至幼苗出土为芽条生长期。

已通过休眠的块茎，在适宜的发芽条件下，块茎内的各种酶即开始活动，把储藏物质淀粉、蛋白质等分解转化成糖和氨基酸等，这些可给态养分沿输导系统源源不断供给芽眼，促使幼芽萌发。

块茎萌发时，首先形成幼芽，其顶部着生一些鳞片状小叶，即"胚叶"，随后在幼芽基部贴近种薯芽眼的几个缩短的节上发生幼根。该时期是以根系形成和芽条生长为中心，同时进行着叶、侧枝、花原基等的分化，是马铃薯发苗扎根、结薯和壮株的基础。

影响根系形成和芽条生长的因素首先是种薯休眠解除的程度，种薯生理年龄的大小；其次是种薯中营养成分及其含量和是否携带病害；再次是发芽过程中是否具备适宜的温度、土壤墒情和充足的氧气。

芽条生长期温度高低对出苗至关重要。块茎发芽的最低温度为 5~6℃，最适宜温度是 15~17℃。从播种到出苗所需时间与土壤温度有密切关系，在适宜的温度范围内，土壤温度愈高，出苗所需时间愈短。北方地区春播的马铃薯，当土温为 12~15℃时，播种至出苗需 35~40d；土壤温度为 16~18℃时，约需30d；当土壤温度超过 20℃以上时，一般 15d 左右即可出苗。但因品种不同，出苗所需要的天数也有所差异。当土温低于 7℃或土壤过于干燥时，幼根生长缓慢或停止生长，幼芽也停止生长，在这种情况下，种薯中的养分仍不断输入幼芽，使幼芽膨大形成小薯，或由种薯芽眼处长出子薯。这种种薯虽然在适宜的条件下还可以长出幼苗，但生产力很低。

芽条生长期的长短因品种特性、种薯储藏条件、栽培季节和栽培技术水平等而差异较大，短者 20~30d，长者可达数月之久。该期各项农艺措施的主要目标，是把种薯中的养分、水分及内源激素充分调动起来，促进早发芽、多发根、快出苗、出壮苗、出齐苗。

2. 幼苗期

从幼苗出土到现蕾为幼苗期。该期经历幼苗和幼根生长发育、主茎孕育花蕾、匍匐茎伸长及其顶端开始膨大、块茎具备雏形。马铃薯种薯内储藏有极丰富的营养物质和水分，所以在出苗前就形成了相当数量的根系和胚叶，出苗后经 5~6d，便有4~5 片叶展开。已经形成的根系从土壤中不断吸收水分和养分供幼苗生长。同时种薯内的养分仍继续发挥作用，可一直维持到出苗后 30d 左右。

随着气温和地温的不断上升，幼苗生长逐日加快，约每 2d可长出一片新叶。同时根系向纵深发展，匍匐茎开始形成，向水平方向伸长。当主茎长到 10~13 片叶时，生长点开始孕育花蕾，并由下而上长出分枝，匍匐茎顶端开始膨大，形成块茎，即标志着幼苗期的结束，结薯期的开始。

幼苗期以根、茎、叶的生长为中心，同时伴随着匍匐茎的形成和伸长以及花芽的分化。所以，幼苗的生长好坏，是决定光合面积大小、根系吸收能力强弱和块茎形成多少的基础。

幼苗期主茎叶片生长很快，但茎叶总量并不多，仅占全生育期的 20%～25%，干物质积累占总干物质重的 3%～4%。因而苗期对水肥要求少，仅占全生育期的 15% 左右。但对水肥很敏感，氮素不足严重影响茎叶生长，缺磷和干旱影响根系的发育和匍匐茎的形成。因此需要早追肥、早浇水，促幼苗健壮生长，以形成强大的同化系统，同时采取深中耕高培土的措施，促根系发育和匍匐茎形成，促进生长中心由茎叶生长向块茎转移。

幼苗生长的适宜温度为 18～21℃，高于 30℃ 或低于 7℃，茎叶停止生长，－1℃ 会受冻害，－4℃ 会冻死。因此，在确定播种期时，要注意晚霜问题，并作好防霜措施。

马铃薯幼苗期历时 15～25d。该期各项农艺措施的主要目标，在于促根、壮苗，保证根系、茎叶和块茎的协调分化与生长。

3. 块茎形成期

从现蕾至第一花序开花为块茎形成期。经历主茎封顶叶展开，全株匍匐茎顶端均开始膨大，直到最大块茎直径达 3～4cm，地上部茎叶干物重和块茎干物重达到平衡。一般历时 30d 左右。

进入块茎形成期，主茎节间急剧伸长，株高已达最大高度的 1/2 左右，分枝叶面积也相继扩大，早熟品种和晚熟品种.叶面积已达最大叶面积的 80% 和 50% 以上。此时，根系继续向深度和广度扩展，匍匐茎相继停止伸长并开始膨大至直径 3～4cm，全株干物重达最大干物重的 1/2 左右。该期的生长特点是：由以地上部茎叶生长为中心，转向地上部茎叶生长与地下部块茎形成并进阶段，同一植株的块茎大多在该期内形成，是决定单株结薯数的关键时期。

该期的农艺措施应以肥水促进茎叶生长，以形成强大的同化系统，同时采取深中耕高培土的措施，促进生长中心由茎叶生长向块茎转移。

4. 块茎增长期

盛花至茎叶开始衰老为块茎增长期。在北方一作区，基本上与盛花期相一致。当茎叶开始衰落，块茎体积基本达到正常大小，茎叶鲜重和块茎鲜重达到平衡时，块茎增长期即告结束，进入淀粉积累期。一般历时 15～25d。

此期侧枝茎叶继续生长，叶面积达到最大值，块茎进入了迅速膨大阶段。是一生中茎叶和块茎增长最快、生长量最大的时期，在适宜的条件下，每穴块茎每天可增重 20～50g，是决定块茎体积大小和经济产量的关键时期。由于茎叶和块茎的旺盛生长，也是一生中需水需肥最多的时期，约占全生育期的 50%。

当茎叶枯黄衰落，块茎体积基本达到正常大小，茎叶与块茎鲜重达到平衡时，标志着块茎增长期的结束，转入了淀粉积累期。该时期田间管理的关键是经常保持土壤有充足的水分供应，使土壤水分达到田间最大持水量的 75%～80%。同时要加强晚疫病的防治，使最大叶面积维持较长时间，保证光合产物的生产和积累。

5. 淀粉积累期

茎叶开始衰老到植株基部 2/3 左右茎叶枯黄为淀粉积累期，经历 20～30d。

开花结束后，茎叶生长缓慢直至停止生长，植株下部叶片较快衰老变黄，并逐渐枯萎，进入淀粉积累期。此期块茎体积不再增大，但重量仍继续增加，主要是淀粉在块茎内的积累。同时周皮加厚。当茎叶完全枯萎，薯皮与薯块容易剥离，块茎充分成熟，逐渐转入休眠。因此，可根据茎叶枯黄期的早晚，来划分品种的熟期类别。

该期的生育特点是：以淀粉积累为中心，蛋白质、矿物质同时增加，糖分和纤维素则逐渐减少。该期块茎淀粉积累速度达到一生中最高值，日增长量达 1.25g／(d·100g) 干重。该期田间管理的中心任务是尽量延长根、茎、叶的寿命，减缓其衰亡，使其保持较强的生命力和同化功能，增加同化物向块茎的转移和积累，达到高产优质的目的。为此，必须满足生育后期对水肥的需要，做好病虫害防治工作，以利有机物质的运输与积累。

6. 成熟期

在生产实践中，马铃薯没有绝对的成熟期，常根据栽培目的和生产上轮作复种等的需要，只要达到商品成熟期，便可收获。为了充分利用生长季节，一般当植株地上部茎叶枯黄（或被早霜打死），块茎内淀粉积累达到最高值，即为成熟期。成熟后，为防止冻害或其他损失，应及时收获。

二、马铃薯的生长发育特性

一株由种薯无性繁殖长成的马铃薯植株，从块茎萌芽，长出枝条，形成主轴，到以主轴为中心，先后长成地下部分的根系、匍匐茎、块茎，地上部分的茎、分枝、叶、花、果实时，成为一个完整的独立的植株，同时也就完成了它的由芽条生长期、幼苗期、块茎形成期、块茎增长期、淀粉积累期、成熟期组成的全部生育周期。

马铃薯物种在长期的历史发展和由野生到驯化成栽培种的过程中，对于环境条件逐步产生了适应能力，造成它的独有特性，形成了一定的生长规律。了解掌握这些规律并加以科学合理的应用和利用，就能在马铃薯种植上创造有利条件，满足生长需要，达到增产增收的种植目的。

1. 喜凉特性

马铃薯植株的生长及块茎的膨大，有喜欢冷凉的特性。马铃薯的原产地南美洲安第斯山高山区，年平均气温为5℃，最高月平均气温为21℃左右，所以，马铃薯植株和块茎生物学上就形成了只有在冷凉气候条件下才能很好生长的自然特性。特别是在块茎形成期，叶片中的有机营养，只有在夜间温度低的情况下才能输送到块茎里。因此，马铃薯非常适合在高寒冷凉的地带种植。我国马铃薯的主产区大多分布在东北、华北北部、西北和西南高山区。虽然经人工驯化、培养、选育出早熟、中熟、晚熟等不同生育期的马铃薯品种，但在南方气温较高的地方，仍然要选择气温适宜的季节种植马铃薯，不然也不会有理想的收成。

2. 分枝特性

马铃薯的地上茎和地下茎、匍匐茎、块茎都有分枝的能力。地上茎分枝长成枝杈，不同品种马铃薯的分枝多少和早晚不一样。一般早熟品种分枝晚，分枝数少，而且大多是上部分枝，晚熟品种分枝早，分枝数量多，多为下部分枝。地下茎的分枝，在地下的环境中形成匍匐茎，其尖端膨大长成块茎。匍匐茎的节上有时也长出分枝，只不过它尖端结的块茎不如原匍匐茎结的块茎大。块茎在生长过程中，如果遇到特殊情况，它的分枝就形成了畸形的薯块。上年收获的块茎，在下年种植时，从芽眼长出新植株，这也是由茎分枝的特性所决定的。如果没有这一特性，利用块茎进行无性繁殖就不可能。另外，地上的分枝也能长成块茎。当地下茎的输导组织（筛管）受到破坏时，叶片制造的有机营养向下输送受到阻碍，就会把营养贮存在地上茎基部的小分枝里，逐渐膨大成为小块茎，呈绿色，一般是几个或十几个堆簇在一起。这种小块茎即气生薯，不能食用。

3. 再生特性

如果把马铃薯的主茎或分枝从植株上取下来，给它一定的条件，满足它对水分、温度和空气的要求，下部节上就能长出新根（实际是不定根），上部节的腋芽也能长成新的植株。如果植株地上茎的上部遭到破坏，其下部很快就能从叶腋长出新的枝条，来接替被损坏部分的制造营养和上下输送营养的功能，使下部薯块继续生长。马铃薯对雹灾和冻害的抵御能力强的原因，就是它具有很强的再生特性。在生产和科研上可利用这一特性，进行"育芽掰苗移栽""剪枝扦插"和"压蔓"等来扩大繁殖倍数，加快新品种的推广速度。特别是近年来，在种薯生产上普遍应用的茎尖组织培养生产脱毒种薯的新技术，仅用非常小的一小点茎尖组织，就能培育成脱毒苗。脱毒苗的切段扩繁，微型薯生产中的剪顶扦插等，都大大加快了繁殖速度，收到了明显的经济效果。

4. 休眠特性

（1）休眠现象与休眠期：马铃薯新收获的块茎，即使给以发芽的适宜条件（温度 20℃、湿度 90%、O_2 浓度 2%），也不能很快发芽，必须经过一段时期才能发芽，这种现象称为块茎的休眠。休眠分自然（生理）休眠和被迫休眠两种。前者是由内在生理原因支配的，后者则是由于外界条件不适宜块茎萌发造成的。一般在 20℃下仍不发芽的称为自然休眠，在 20℃下发芽而在 5℃下不发芽的称为被迫休眠。块茎休眠特性是马铃薯在系统发育过程中形成的一种对于不良环境条件的适应性。

块茎收获至块茎幼芽开始萌动（块茎上至少有一个芽长达 2mm 为萌动标志）所经历的时间称为休眠期。

（2）块茎休眠的生理机制：块茎休眠及其解除除受外界环境条件影响外，主要受内在生理原因所支配。块茎周皮中存在一种叫 β-抑制剂的物质和脱落酸，能抑制 α-淀粉酶、β-淀粉酶、蛋白酶和核糖核酸酶的活性和氧化磷酸化过程，使发芽缺少所需的可溶性糖类和能量，迫使块茎保持休眠状态。同时，块茎周皮中存有赤霉素类物质，它能使 α-淀粉酶、蛋白酶和核糖核酸酶活化，刺激细胞分裂和伸长，从而解除休眠促进萌芽。所以抑制剂类物质和赤霉素类物质的比例状况，就决定着块茎的休眠或解除休眠。新收获的块茎抑制剂类物质的含量最高，而赤霉素类物质的含量极微，使块茎处于休眠状态。在休眠过程中，赤霉素类物质逐渐增加，当其含量超过抑制剂类物质的时候，块茎便解除休眠，进入萌芽。

休眠期的长短因品种和储藏条件而不同。有的品种休眠期很短，有的品种休眠期很长。通常将休眠期为1.5个月、2~3个月和3个月以上的品种分别称为休眠期短、中等和长的品种。一般早熟品种比晚熟品种休眠时间长。另外，由于块茎的成熟度不同，块茎休眠期的长短也有很大的差别。幼嫩块茎的休眠期比完全成熟块茎的长，微型种薯比同一品种的大种薯休眠期长。

块茎休眠期间，温湿度对其影响很大，高温、高湿条件下能缩短休眠期，低温干燥则延长休眠期。同一品种，如果储藏条件不同，则休眠期长短也不一样，即储藏温度高的休眠期缩短，储藏温度低的休眠期会延长。如有些品种在1~4℃储藏条件下，休眠期可长达5个月以上，而在20℃左右条件下储藏2个月就可通过休眠。

（3）休眠的调节：在块茎的自然休眠期中，根据需要可以用人为的物理或化学方法打破休眠，使之提前发芽。休眠期长的品种，休眠一般不易打破，称为深休眠；休眠期短的品种，休眠容易打破，为浅休眠。

生产上人为打破休眠最常用的方法有：0.5~1mg/kg GA3溶液浸泡10~15min；0.1%高锰酸钾浸泡10min；把块茎放在20℃下或调节O_2浓度到3%~5%，CO_2浓度增加到2%~4%；切块、漂洗（减少脱落酸含量）；或用赤霉素与乙烯复合剂、硫脲、硫氰化钾等药剂浸种等方法，均可缩短休眠期。脱毒种薯生产中，用0.33ml/kg的兰地特（氯乙醇：二氯乙醇：四氯化碳=7:3:1）熏蒸3h脱毒小薯，可打破休眠，提高发芽率和发芽势。

（4）休眠期延长：生产上延长块茎休眠最常用的方法是，在3~5℃低温下储藏，或用萘乙酸甲酯40~100g/t处理块茎，或用7 000~8 000伦琴射线处理块茎，或用苯胺灵、氯苯胺灵10g/t混拌少量细土撒在块茎中，均能延长休眠。另外在收获前2~3周用0.3%的青鲜素水溶液进行叶面喷洒可有效地抑制块茎发芽，延长储藏期。

块茎的休眠特性，在马铃薯的生产、储藏和利用上，都有着重要的作用。在用块茎做种薯时，休眠的解除程度，直接影响着田间出苗的早晚、出苗率、整齐度、苗势及马铃薯的产量。块茎作为食用或工业加工原料时，由于休眠的解除，造成水分、养分大量消耗，甚至丧失商品价值。储藏马铃薯块茎时，要根据所贮品种休眠期的长短，安排储藏时间和控制窖温，防止块茎在储藏过程中过早发芽，而损害使用价值。储藏食用块茎、加工用原料块茎和种用块茎，应在低温和适当湿度条件下储藏。如果块茎需要作较长时间和较高温度的储藏，则可以采取一些有效的抑芽措施。比如施用抑芽剂等，防止块茎发芽，减少块茎的水分和养分损耗，以保持块茎的良好商品性。因此，了解块茎休眠的原因及其萌芽的特性，对于生产和储藏保鲜都具有十分重要的意义。

三、马铃薯中耕培土

（一）中耕培土作用

中耕：作物生育期中在株行间进行的表土耕作。采用手锄、中耕犁、齿耙和各种耕耘器等工具。中耕可疏松表土、增加土壤通气性、提高地温，促进好气微生物活动和养分有效化、去除杂草、促使根系伸展、调节土壤水分状况。

培土：在基础周围覆盖泥土；在植物的根部垒土。

马铃薯具有苗期短、生长发育快的特点。培育壮苗的管理特点是疏松土壤，提高地温，消灭杂草，防旱保墒。促进根系发育，增加结薯层次。所以，中耕培土是马铃薯田间管理的一项重要措施。结薯层主要分布在 10～15cm 深的土层里，疏松的土层有利于根系的生长发育和块茎的形成膨大。

中耕除草的好处很多，适时中耕除草可以防止"草荒"，减少土壤中水分、养分的消耗，促进薯苗生长；中耕可以疏松土壤，增强透气性，有利于根系的生长和土壤微生物的活动，促进土壤有机物分解，增加有效养分。在干旱情况下，浅中耕可以切断毛细管，减少水分蒸发，起到防旱保墒作用，土壤水分过多时，深中耕还可起到松土晾墒的作用，在块茎形成膨大期，深中耕，高培土，不但有利于块茎的形成膨大，而且还可以增加结薯层次，避免块茎暴露地面见光变质。总之，通过合理中耕，可以有效地改变马铃薯生长发育所必需的土、肥、水、气等条件，从而为高产打下良好的基础。"锄头上有水也有火""山药挖破蛋，一亩产一万"，都充分说明了中耕培土的重要性。

中耕培土的时间、次数和方法，要根据各地的栽培制度、气候和土壤条件决定。春马铃薯播种后所需时间长，容易形成地面板结和杂草丛生，所以出齐苗后就应及时中耕除草。第二次中耕在苗高10cm左右进行，这时幼苗矮小，浅锄既可以松土灭草，又不至于压苗伤根。在春季干旱多风的地区，土壤水分蒸发快，浅锄可以起到防旱保墒作用。现蕾期进行第三次中耕浅培土，以利匍匐茎的生长和形成。在植株封垄前进行第四次中耕兼高培土，以利增加结薯层次，多结薯、结大薯，防止块茎暴露地面晒绿，降低食用品质。

（二）中耕培土方法

中耕松土，使结薯层土壤疏松通气，利于根系生长、匍匐茎伸长和块茎膨大（图3-1）。

出苗前如土面板结，应进行松土，以利出苗。齐苗后及时进行第1次中耕，深度8~10cm，并结合除草，第1次中耕后10~15d，进行第2次中耕，宜稍浅。现蕾时，进行第3次中耕，比第2次中耕更浅。并结合培土，第1次培土，苗全后10~15d。第2次培土，苗全后20~25d。第3次培土，在花期前结束。每次培土厚度各5cm。以增厚结薯层，防除杂草，避免薯块外露，防止薯块变绿，提高品质。

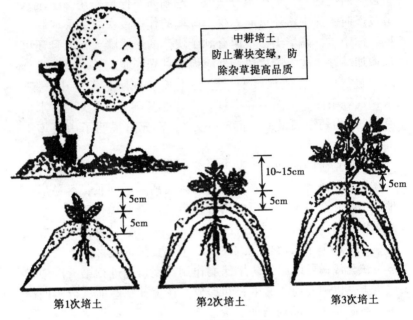

中耕培土
防止薯块变绿，防
除杂草提高品质

10~15cm
5cm
5cm
5cm
5cm
5cm

第1次培土　　第2次培土　　第3次培土

图3-1　中耕培土方法

四、马铃薯苗期管理

（一）出苗前的管理

黑龙江省马铃薯自播种至出苗经历1个月左右。春风大，气温逐渐上升，土壤水分蒸发很快，低洼地、易涝地极易板结，而田间杂草也开始萌发出土。因此，在播种覆土较厚的地块，可在薯块幼芽已伸长但未出土时，用方型木耢子将垄顶覆土耢掉一部分，以破除地表板结，改善通风换气情况，提高地温，促进出苗迅速整齐，兼良好的除草效果。这一措施的关键是掌握适当作业时间和去掉覆土的厚度，以不伤幼苗为原则。

（二）查田补苗

当苗出齐后，苗高10cm时进行查田补苗。

补苗方法比较简单，可以在缺苗附近的垄上找出苗较多的穴，将其过多的苗掰下 1~2 株，随即补栽。也可在播种时间隔 10 垄，每隔 50m 左右多播一些薯块，以备补苗专用。栽苗要深挖坑露湿土，使苗根与湿土紧密结合，把苗的大部分埋入土中并踩实。

五、马铃薯生长发育与环境条件的关系

（一）温度

温度对马铃薯各个器官的生长发育有很大的影响，马铃薯性喜冷凉，不耐高温，生育期间以平均气温 17~21℃ 为宜。块茎萌发的最低温度为 4~5℃，但生长极其缓慢；7℃ 时开始发芽，但速度较慢；芽条生长的最适温度为 13~18℃，在此温度范围内，芽条生长苗壮，发根早，根量多，根系扩展迅速。催芽的温度应在 15~20℃。播种时，10cm 的土层温度达到 7℃ 时，幼芽即可生长，12℃ 以上即可顺利出苗。温度超过 36℃，块茎不萌发并造成大量烂种。

茎叶生长的最适宜温度以 18℃ 最适宜，叶生长的最低温度为 7℃，在低温条件下叶片数少，但小叶较大而平展。马铃薯抵抗低温的能力较差，当气温降到 -1℃ 时地上部茎叶将受冻害，-3℃ 时植株开始死亡，-4℃ 时将全部冻死，块茎亦受冻害。日平均气温超过 25℃，茎叶生长缓慢；超过 35℃ 则茎叶停止生长。总的来说，茎叶生长的最适温度为 15~21℃，土温在 29℃ 以上时，茎叶即停止生长。

块茎形成的最适温度是 17~19℃，低温块茎形成较早，如在 15℃ 下，出苗后 7d 形成块茎，在 25℃ 下，出苗后 21d 才形成块茎。27~32℃ 高温则引起块茎发生次生生长，形成各种畸形小薯。块茎增长的最适土壤温度是 15~18℃，20℃ 时块茎增长速度减缓，25℃ 时块茎生长趋于停止，30℃ 左右时，块茎完全停止生长。昼夜温差大，有利于块茎膨大，夜间的低温使植株和块茎的呼吸强度减弱，消耗能量少，有利于将白天植株进行光合作用的产物向块茎中运输和积累。高海拔、高纬度地区的

昼夜温差大，马铃薯块茎大、干物质含量高、产量高。夜间温度高达25℃时，则块茎的呼吸强度剧增，大量消耗养分而停止生长。因此，在马铃薯块茎膨大期间，要适时调节土温，满足块茎生长对土壤温度的要求，达到增产的目的。

（二）光照

马铃薯的生长、形态建成和产量对光照强度及光周期有强烈反应。马铃薯是喜强光作物，如果较长期处于光照强度弱或光照不足的情况下，植株生长细弱，叶片薄而色淡，光合效率低。在马铃薯生长期间，光照强度大，日照时间长，叶片光合强度高，则有利于花芽的分化和形成，也有利于植株茎叶等同化器官的建成，因此块茎形成早，块茎产量和淀粉含量均比较高。

光对块茎芽的伸长有明显的抑制作用，度过了休眠期的块茎在无光而有适合的温度情况下，马铃薯会形成白色而较长的芽条，有时可达 1 m 以上；而在散射光下照射可长成粗壮、呈绿色或紫色的短壮芽，这样的芽播种时（尤其是机械播种时）不易受到损伤，出苗齐而且健壮。

光周期对马铃薯植株生育和块茎形成及增长都有很大影响。每天日照时数超过15h，茎叶生长繁茂，匍匐茎大量发生，但块茎延迟形成，产量下降；每天日照时数10h以下，块茎形成早，但茎叶生长不良，产量降低。一般日照时数为 11～13h 时，植株发育正常，块茎形成早，同化产物向块茎运转快，块茎产量高。早熟品种对日照反应不敏感，在春季和初夏的长日照条件下，对块茎的形成和膨大影响不大，晚熟品种则必须在12h以下的短日照条件下才能形成块茎。

日照长度、光照强度和温度三者有互作效应。高温促进茎伸长，不利于叶片和块茎的发育，特别是在弱光下更显著，但高温的不利影响，短日照可以抵消，能使茎矮壮，叶片肥大，块茎形成早。因此，高温短日照下块茎的产量往往比高温长日照下高。高温、弱光和长日照条件，则使茎叶徒长，匍匐茎伸长，甚至窜出地面形成地上枝条，块茎几乎不能形成。

因此马铃薯各个生长时期对产量形成最为有利的情况是幼苗期短日照、强光照和适当高温，有利于促根、壮苗和提早结薯；块茎形成期长日照、强光照和适当高温，有利于建立强大的同化系统，形成繁茂的茎叶；块茎增长期及淀粉积累期短日照、强光照、适当低温和较大的昼夜温差，有利于同化产物向块茎运转，促进块茎增长和淀粉积累，从而达到高产优质的目的。

（三）水分

马铃薯植株鲜重约有90%由水组成，其中有1%～2%用于光合作用。马铃薯蒸腾系数为400～600，是需水较多的作物，生长季节有400～500mm的年降雨量且均匀分布，即可满足马铃薯对水分的需求。整个生育期间，土壤田间持水量以60%～80%为最适宜。

马铃薯不同生育时期对水分的要求不同。芽条生长期，种薯萌发和芽条生长靠种薯自身贮备的水分便能满足正常萌芽生长需要。但是，只有当芽条上发生根系并从土壤中吸收水分后才能正常出苗。如果播种后土壤干旱，种薯不但不能出苗，而且块茎中的水分易被土壤吸收，严重时，薯块干瘪，甚至腐烂。如果土壤水分过多时，土壤通气性差，缺乏足够的氧气，也不利于根系的发育进而影响出苗，此时如果土壤温度过低，也易发生烂薯的现象。所以，该期要求土壤保持湿润状态，土壤含水量至少应保持在田间最大持水量的40%～50%。

苗期由于植株小，需水量不大，占一生总需水量的10%～15%，土壤水分应保持在田间最大持水量的50%～60%为宜。当土壤水分低于田间最大持水量的40%时，茎叶生长不良。

块茎形成期，茎叶开始旺盛生长，需水量显著增加，约占全生育期总需水量的30%，为促进茎叶的迅速生长，建立强大的同化系统，前期应保持田间最大持水量的70%～80%；后期使土壤水分降至田间最大持水量的60%左右，适当控制茎叶生长，以利于植株顺利进入块茎增长期。

块茎增长期，块茎的生长从以细胞分裂为主转向细胞体积增大为主，块茎迅速膨大，茎叶和块茎的生长都达到一生的高峰，需水量最大，亦是马铃薯需水临界期。这时除要求土壤疏松透气，以减少块茎生长的阻力外，保持充足和均匀的土壤水分供给十分重要。对土壤缺水最敏感的时期是结薯前期，早熟品种在初花、盛花及终花阶段；晚熟品种在盛花、终花及花后一周内，如果这三个阶段土壤干旱，田间最大持水量在30%时再浇水，则分别减产50%、35%和31%。所以，该期土壤水分应保持在田间最大持水量的80%～85%。

淀粉积累期需水量减少，占全生育期总需水量的10%左右，保持田间最大持水量的60%～65%即可。后期水分过多，易造成烂薯和降低耐贮性，影响产量和品质。

马铃薯各个生长时期遇到土壤供水不均并伴随着温度骤然变化，如在低温条件下干旱与降雨短时间交替；干旱与降雨和高温及其后的冷凉交替；在高温条件下干旱与降雨交替；都会引起块茎畸形生长，从而影响块茎的商品品质。

（四）土壤

马铃薯对土壤要求不十分严格，马铃薯要求微酸性土壤，以 pH 值5.5～6.5为最适宜。但在北方的微碱性土壤上亦能生长良好，一般在 pH 值5～8的范围内均能良好生长。马铃薯耐盐能力较差，当土壤含盐量达到0.01%时，植株表现敏感，块茎产量随土壤中氯离子含量的增高而降低。

要获得高产，以土壤肥沃、土层深厚、结构疏松，排水通气良好和富含有机质的沙壤土或壤土最为适宜。有这样结构的土壤，保水保肥性好，有利于马铃薯的根系发育和块茎的膨大。在这样的土壤上种植马铃薯，出苗快、块茎形成早、薯块整齐、薯皮光滑、薯肉无异色，产量和淀粉含量均高。由于土层深厚，土壤疏松，雨水多时可及时下渗或排除，利于马铃薯块茎的收获，减少块茎的腐烂率。

黏重土壤虽然保水、保肥能力强，但透气性差。播种时，如土温低且湿度大时，薯块在土壤中不能及时出苗，易造成种薯的腐烂。出苗后，往往根系发育不良，进而影响植株的正常生长和块茎的膨大，易产生畸形的块茎。苗期还容易发生黑胫病。收获时，如土壤中水分过多而不能及时排出，土壤中缺氧，块茎的皮孔增大，细胞裸露，极易感染细菌病害，导致腐烂。黏重土壤种植马铃薯时，应做高垄，使种薯播种在垄的中部，处于垄沟之上，以减少由于土壤透水性差或排水不良导致烂种。在田间管理方面，要掌握适宜墒情，进行中耕、除草和培土；土壤水分多时，土质太黏，不能进行田间作业；水分少时，土壤变得干硬，中耕困难，且易产生大坷垃。黏重土壤可以通过掺沙进行改良，只要排水良好，干旱能及时灌溉，及时中耕，也能获得高产。

沙性土的土壤结构性差，水分蒸发量大，同时保水、保肥能力差，应增施有机肥，以改善沙土的结构。种植马铃薯时，春季土壤温度回升快，可适时早播；沙土种植马铃薯，利于中耕作业和收获，即使降雨，雨过天晴，即可进行中耕或收获，且块茎腐烂率低。产出的块茎表皮光洁，薯形规整，淀粉含量相对较高，商品性好。

（五）营养

马铃薯的产量形成是通过吸收矿物质、水分和同化二氧化碳的营养过程，促进植株生长发育和其他一切生命活动而实现的。在栽培过程中，只有保证植株生长发育所必需的营养物质，才能获得块茎的高产和优质。

马铃薯正常生长需要十多种营养元素，即碳、氢、氧、氮、磷、钾、钙、镁、硫、铁、硼、锌、锰、铜、钼、钠等。除碳、氢、氧是通过叶片光合作用，从大气和水中得来以外，其他营养元素主要是通过根系从土壤中吸收。其中土壤吸收途径需要量最多的是氮、磷、钾（称为大量元素），其次是少量钙、镁、硫（中量元素）和少量的铁、硼、锌、锰、铜、钼、钠（微量元素）等。矿质元素在组成马铃薯产量的干物质中只占 5% 左右，干物质的绝大部分是由光合作用所产生的碳水化合物构成。但矿物质通过提高光合生产率，参与并促进光合产物的合成、运转、分配等生理生化过程，因而对产量的形成起着重要的作用。在马铃薯生长发育过程中，如果缺乏其中任何一种元素，都会引起植株生长发育失调，最终导致减产和降低品质。

马铃薯生育期间对氮和钾的吸收规律基本相似。幼苗期植株小，需肥较少，吸收速率较慢；块茎形成期至块茎增长期，由于茎叶的旺盛生长和块茎的形成及快速膨大，养分需要量急剧增多，是马铃薯一生中氮、钾吸收速率最快，吸收数量最多的时期；块茎增长后期至淀粉积累期，吸收养分速度减慢，吸收数量也减少。马铃薯生育期间对磷素的吸收利用与对氮、钾的吸收利用不同。幼苗期吸收利用较少；块茎形成期吸收强度迅速增加，直到淀粉积累期一直保持着较高的吸收强度。马铃薯对氮、磷、钾的累积量是随着植株干物质积累量的增加而增加，至淀粉积累期达到最大值。

马铃薯对钙、镁、硫的吸收，幼苗期极少，吸收速率也缓慢；块茎形成期吸收量陡增，直到块茎增长后期又缓慢下来。钙、镁、硫在各个生育时期主要用于根、茎、叶的生长，块茎分配比例较少，尤其是钙。整个生长期，钙、镁离子在根、茎、叶中的浓度都趋向增加，这主要是因输导系统限制钙、镁运行的缘故。马铃薯吸收微量元素极少，应根据土壤中含量合理施用，方能取得较好的增产效果。

磷是植物体内多种重要化合物如核酸、核苷酸、磷脂等的组成成分，同时参与体内碳水化合物的合成，并参与碳水化合物分解成单糖，提供马铃薯生长的能量。磷肥能够促进根系发育，增强植株的抗旱、抗寒能力和适应性。磷肥充足时，能提高氮肥的利用率，有利于植株体内各种物质的转化和代谢，促进植株早熟，促进块茎干物质和淀粉的积累，提高块茎品质，增强耐贮性。在酸性和黏重土壤中，有效态磷易被固定而不能为作物吸收，马铃薯一般只能吸收10%，土壤中约90%的磷不能为马铃薯吸收利用，磷肥的利用率很低。在沙质土壤中，保肥力差，也易发生缺磷现象。马铃薯缺磷时根系的数量和长度减植株生长缓慢，茎秆矮小，僵直，叶片暗绿无光泽，叶片上卷。孕蕾至开花期缺磷，叶部皱缩，色呈深绿，严重时基部叶变为淡紫色，植株僵立，叶柄、小叶及叶缘朝上，不向水平展开，小叶面积缩小，色暗绿。缺磷过多时，薯块内部易发生铁锈色坏死斑点或斑遍布整个薯肉，有时呈辐射状，蒸煮时锈斑处薯肉变硬，影响产量和品质。生产上应该重视基肥的使用，一次性施足底肥，因为在生长期间，虽然可叶面喷施足量的复合磷酸盐，但几乎不能缓解缺磷的症状。

　　马铃薯为喜钾作物，需钾量很多。钾主要起调节生理功能的作用，促进光合作用和提高二氧化碳的同化率，促进光合产物的运输和积累。钾能够调节细胞渗透作用，激活酶的活性，钾肥充足，植株生长健壮，茎秆坚实，叶片增厚，延迟叶片衰老，增强抗寒和抗病性。此外，钾肥对马铃薯品质有重要的影响。马铃薯缺钾，生长缓慢节间短，叶面粗糙皱缩，叶片边缘和叶尖萎缩，叶尖及叶缘开始呈暗绿色，随后变为黄棕色，并逐渐向全叶扩展，叶脉间具青铜色斑点，且向下卷曲，小叶排列紧密，与叶柄形成夹角小，老叶青铜色，干枯脱落。缺钾还会造成根系发育不良，吸收能力减弱，匍匐茎缩短，块茎变小，在带有坏死叶片植株的块茎尾部发展成坏死、褐色的凹陷斑，缺钾的块茎煮熟时，薯肉呈灰黑色。缺钾的症状出现较迟，一般到块茎形成期才呈现出来，严重地降低产量。在生育后期缺钾，一般叶面喷施0.2%~0.3%的磷酸二氢钾，每隔5~7d喷洒1次，连喷2~3次。

　　钙是果胶钙的重要组成成分，对细胞壁的形成和细胞间的胶合有重要作用。钙促进根系发育，调节体内细胞液的酸碱平衡，是维护正常生理代谢活动不可缺少的元素。当植株缺钙时，分生组织首先受害，植株的顶芽、侧芽、根尖等分生组织首先出现缺素症。在植株形态上表现叶片变小，小叶边缘上卷而皱缩，叶缘黄化，后期坏死；茎节缩短，植株顶部呈丛生状，叶片、叶柄及茎上出现杂色斑点。缺钙时，块茎短缩、畸形，髓部出现褐色而分散的坏死斑点，易发生空心或黑心。种薯在长期发芽时，常因钙离子不易转移的特性而造成芽的顶端出现褐色坏死，甚至全芽坏死。钙过量会影响对镁和微量元素铁、锰的吸收。防止缺钙时，要根据土壤诊断，施用适量石灰，应急时叶面喷洒 0.3% ~0.5% 氯化钙水溶液，每 3~4d 1 次，共 2~3 次。

镁是叶绿素结构的核心，是保持茎叶正常生长的重要营养成分。马铃薯是对缺镁较为敏感的作物。缺镁时老叶的叶尖、叶缘及脉间褪绿，并向中心扩展，后期下部叶片变脆、增厚。严重时植株矮小，失绿叶片变棕色而坏死、脱落，块根生长受抑制。防止缺镁时，首先施足充分腐熟的有机肥，改良土壤理化性质，使土壤保持中性，必要时亦可施用石灰进行调节，避免土壤偏酸或偏碱。应急时，可在叶面喷洒 1% ~2% 硫酸镁水溶液，每隔 2d 1 次，每周喷 3~4 次。

长期或连续施用不含硫的肥料，易出现缺硫。马铃薯缺硫时，植株叶片、叶脉普遍黄化，与缺氮类似，生长缓慢，但叶片并不提早干枯脱落，严重时叶片出现褐色斑块。施用硫酸铵等含硫的肥料可防止缺硫。

第二节　苗期病虫害及防治

一、丝核菌溃疡病

马铃薯丝核菌溃疡病的病原菌，是一种真菌，其无性阶段是立枯丝核菌。在苗期主要感染地下茎，使地下茎上出现指印形状或环剥的褐色溃疡面、使薯苗植株矮小和顶部丛生，严重的植株顶部叶片向上卷曲并褪绿。

下面介绍两种化学防治方法。

（1）苗盛拌种：苗盛是德国拜耳作物科学公司的产品，47%可湿性拌种剂，粉红色粉剂，具有高效防治多种种传、土传病害的作用，尤其对立枯丝核菌引起的病害有持效，对作物安全性好。具体用量为每公顷用1 500～1 875g药粉，先将药粉与适量滑石粉掺均匀稀释，再拌到每公顷用量的芽块上，最好随切芽块随拌，让药剂均匀沾到芽块上，拌好即可播种。

（2）阿米西达（Amisiar）垄沟喷雾：阿米西达是先正达农业科技公司（原瑞士诺平公司和英国捷利康公司合并而成）的产品，剂型为25%悬浮液，除叶面喷雾对早疫病、晚疫病有很好的防治效果外，在土壤里施用可以很好的防治马铃薯土传和种传病害。施用方法，种薯播到垄沟后马上在沟内喷药，使土壤和芽块都沾上药液，然后复土。最好使用带喷药装置的马铃薯播种机开沟、播种、喷药、覆土一次完成，省工、省力、效果好。用药剂量每公顷施用555～795ml，如果土壤黏性大需加大用药量。

二、椿象

（1）生活习性：椿象若虫和成虫均以锐利的口针刺穿寄主的皮层而吸取组织的汁液。当椿象取食时，口针鞘折叠弯曲，口针直接刺入组织内为害，使被害部位停止生长，被害组织死亡，早、中期被害果呈"猴头果"，晚期为害的果内呈海绵组织，被害严重的果失去经济价值。寄主的被害程度直接与口针的长度有关。

（2）防治方法：

①人工防治。成虫和若虫早晚或阴雨天气多栖息于树冠外围叶片或果实上，可在早晨或傍晚露水未干不活动时进行捕杀。卵多产于叶面成卵块，极易发现，可在5—8月成虫产卵期间，深入橘园检查，及时摘除卵块。但发现卵盖下有一黑环者，说明卵已被寄生蜂寄生，应保留田间加以保护，让其自然繁殖，增加橘园寄生蜂的数量。

②生物防治。桔螨的天敌是丰富的，已知的有黄猄蚁、寄生蜂、螳螂、蜘蛛等多种，应加以保护利用。

三、花蓟马

（1）生活习性：昆虫名，为缨翅目、蓟马总科。成虫、若虫多群集于花内取食为害，花器、花瓣受害后成白化，经日晒后变为黑褐色，为害严重的花朵萎蔫。叶受害后呈现银白色条斑，严重的枯焦萎缩。

（2）防治方法：

①早春在寄主上防治，花苗出土前喷洒杀虫剂，进行一次预防性防治，可压低虫口，减少迁移。

②定苗后百株有虫 15～30 头或真叶前百株有虫 10 头、真叶后百株有虫 20～30 头，喷洒 50% 辛硫磷乳油或 5% 锐劲特悬浮剂、35% 伏杀磷乳油 1500 倍液、44% 速凯乳油 1 000 倍液、10% 除尽乳油 2 000 倍液、1.8% 爱比菌素 4 000 倍液、35% 赛丹乳油 2 000 倍液。此外可选用 2.5% 保得乳油 2 000～2 500 倍液或 10% 吡虫啉可湿性粉剂 2 000 倍液、10% 大功臣可湿性粉剂每亩有效成分 2g、44% 多虫清乳油 30ml 对水 60kg 喷雾。

第三节　自然灾害及减灾

一、冻害防控

（一）防冻剂的使用

根据天气预报在寒潮来临的前 10～7d 非雨天气，隔两天喷施一次防冻剂（如 0.5% 蔗糖 + 0.2% 的磷酸二氢钾水溶液）以增强植株抗冻性。

（二）熏烟防霜冻

霜冻之夜，在田间走道上用秸秆、稻草、杂草、木屑等混小量硫黄粉熏烟，每亩 4～5 个点可有效地减轻或避免霜冻灾害。应在上风方向，午夜至凌晨 2～3 时点燃，直至日出前。

（三）多重覆盖

有条件的地方，可搭小拱棚，或者临时加盖农膜和遮阳网等保温防霜雪。

二、冻后补救措施

（一）喷水洗霜

霜冻发生后应及早巡查，发现植株有霜，抓紧在早晨化霜前及时喷水洗霜，既清洗霜水又缩小温差，防止生理脱水以减轻冻害。

（二）清沟排涝

对地势较低的田块，在冻害解除后应尽快清沟排水，以降低水位，除渍水，避免薯块因积水腐烂，同时尽快提高土温，促进植株恢复生长。

（三）查缺补苗

对未出苗的地块，检查地下种薯受冻情况，发现种薯受冻腐烂的部分，重新催芽补栽。对地上部分受冻，地下部分完好的植株，及时去除受冻的地上部分，喷施杀菌剂保护，防止病菌从伤口侵染，造成冻后病害。

（四）追肥促长

冻害解除、植株恢复缓慢生长以后方可进行追肥，切忌在冻害后立即施肥。冻害过后气温回升，再叶面喷施 400~500 倍含氨基酸的叶面肥或 0.2%~0.4% 的磷酸二氢钾溶液，促进植株生长。

第四章 块茎形成期管理

第一节 块茎形成期生长发育特点

块茎形成期是指从开始现蕾到开花初期的一段时间，经过20～30d的生长发棵期。该期是以茎叶迅速生长为主，并逐步转向块茎生长，是决定单株结薯多少的关键时期。此期各项农业措施都应以建立强大的同化系统为中心进行。田间管理重点是对水肥进行合理调控，前期以肥水促进茎叶生长，追施余下的氮肥及钾肥，保持65%～75%的田间持水量，促进肥料吸收，以形成强大的地上部分；后期中耕培土，在植株封垄前培土高度要达到15～20cm，以控秧促薯，使植株的生长中心由茎叶生长为主转向以地下块茎膨大为主。此期植株每天增高1.8～2.7cm，若呈旺长趋势，喷施生长延缓剂（多效唑），控制茎叶生长，促进薯块膨大。同时应加强蚜虫、晚疫病、青枯病等的防治。

第二节 水肥管理

一、适时浇水

栽培在肥沃的土壤上，每生产1kg马铃薯耗水97kg；栽培在贫瘠的沙质土壤上，每生产1kg马铃薯块茎形成需耗水172.3kg。

二、追肥

块茎形成期根据长势每亩可追施尿素5kg。

三、块茎畸形现象

在收获马铃薯时，经常可以看到与正常块茎不一样的奇形怪状的薯块，比如有的薯块顶端或侧面长出一个小脑袋，有的呈哑铃状，有的在原块茎前端又长出一段匍匐茎，茎端又膨大成块茎形成串薯，也有的在原块茎上长出几个小块茎呈瘤状，还有的在块茎上裂出 1 条或几条沟，这些奇形怪状的块茎叫畸形薯，或称为二次生长薯和次生薯。

畸形薯主要是块茎的生长条件发生变化所造成的。薯块在生长时条件发生了变化，生长受到抑制，暂时停止了生长，比如遇到高温和干旱，地温过高或严重缺水。后来，生长条件得到恢复，块茎也恢复了生长。这时进入块茎的有机营养，又重新开辟贮存场所，就形成了明显的二次生长，出现了畸形块茎。总之，不均衡的营养或水分、极端的温度、以及冰雹、霜冻等灾害，都可导致块茎的二次生长。但在同一条件下，也有的品种不出现畸形，这就是品种本身特性的缘故。

当出现二次生长时，有时原有块茎里贮存的有机营养如淀粉等，会转化成糖被输送到新生长的小块茎中，从而使原块茎中的淀粉含量下降，品质变劣。由于形状特别，品质降低，就失去了食用价值和种用价值。因此，畸形薯会降低上市商品率，使产值降低。

上述问题容易出现在田间高温和干旱的条件下，所以，在生产管理上，要特别注意尽量保持生产条件的稳定，适时灌溉，保持适量的土壤水分和较低的地温。同时注意不选用二次生长严重的品种。

四、块茎青头现象

在收获的马铃薯块茎中，经常发现有一端变成绿色的块茎，俗称青头。这部分除表皮呈绿色外，薯肉内 2cm 以上的地方也呈绿色，薯肉内含有大量茄碱（也叫马铃薯素、龙葵素），味麻辣，人吃下去会中毒，症状为头晕、口吐白沫。青头现象使块茎完全丧失了食用价值，从而降低了商品率和经济效益。

出现青头的原因是播种深度不够，垄小，培土薄，或是有的品种结薯接近地面，块茎又长得很大，露出了土层，或将土层顶出了缝隙，阳光直接照射或散射到块茎上，使块茎的白色体变成了叶绿体，组织变成绿色。

为了减少这种现象，种植时应当加大行距、播种深度和培土厚度。必要时对生长着的块茎进行有效的覆盖，比如用稻草等盖在植株的基部。

另外，在储藏过程中，块茎较长时间见到阳光或灯光，也会使表面变绿，与上述青头有同样的毒害作用，所以食用薯一定要避光储藏。

五、块茎空心现象

把马铃薯块茎切开，有时会见到在块茎中心附近有一个空腔，腔的边缘角状，整个空腔呈放射的星状，空腔壁为白色或浅棕色。空腔附近淀粉含量少，煮熟吃时会感到发硬发脆，这种现象就叫空心。一般个大的块茎容易发生空心，空心块茎表面和它所生长的植株上都没有任何症状，但空心块茎却对质量有很大影响，特别是用以炸条、炸片的块茎，如果出现空心，会使薯条的长度变短，薯片不整齐，颜色不正常。

块茎的空心，主要是其生长条件突然过于优越所造成的。在马铃薯生长期，突然遇到极其优越的生长条件，使块茎极度快速地膨大，内部营养转化再利用，逐步使中间干物质越来越少，组织被吸收，从而在中间形成了空洞。一般说，在马铃薯生长速度比较平稳的地块里。空心现象比马铃薯生长速度上下波动的地块比例要小。在种植密度结构不合理的地块，比如种的太稀，或缺苗大多，造成生长空间太大，都各使空心率增高。钾肥供应不足，也是导致空心率增高的一个因素。另外，空心率高低也与品种的特性有一定关系。

为防止马铃薯空心的发生，应选择空心发病率低的品种；适当调整密度，缩小株距，减少缺苗率；使植株营养面积均匀，保证群体结构的良好状态；在管理上保持田间水肥条件平稳；

增施钾肥等。

六、品种选择不当

品种选择应根据栽培区域、种植目的、品种特性等进行。但是许多供种商科技素质不高，对各品种的特性缺乏了解，盲目调种，导致农民在品种选择上不科学，不能充分发挥品种的优良特性。各地应成立专业的供种部门，为农民提供适当对路的栽培品种。

七、薯种更新不及时，薯种退化现象严重

因为马铃薯生产进行无性繁殖，在种植过程中感染病毒后易导致品种退化。一些农民不了解马铃薯的栽培特点，自行留种或有些地方供种部门为了追求利益，提供已感染病毒的薯种，导致退化及大面积减产。因此，建议农户及时换种，最好一季一换种，才能保持高产和优质。

第三节 病虫害及防治

一、晚疫病

晚疫病是马铃薯病害中发生较为普遍，为害较为严重的一种病害，多年来在山西省大面积发生成灾。在多雨、气候冷湿的年份，受害植株提前枯死，损失可达20%~40%。

症状：马铃薯晚疫病可为害叶、茎及块茎。叶部病斑大多先从叶尖或叶缘开始，初为水浸状褪绿斑，后渐扩大，在空气湿度大时，病斑迅速扩大，可扩及叶的大半以至全叶，并可沿叶脉侵入叶柄及茎部，形成褐色条斑。最后植株叶片萎垂，发黑，全株枯死。病斑扩展后为暗褐色，边缘不明显。空气潮湿时，病斑边缘处长出一圈白霉，雨后或有露水的早晨，叶背上最明显，湿度特别大时，正面也能产生。天气干旱时，病斑干枯成褐色，叶背无白霉，质脆易裂扩展慢。

发生规律：马铃薯晚疫病菌主要以菌丝体在块茎中越冬，

带菌种薯是病害侵染的主要来源，病薯播种后，多数病芽失去发芽能力或出土前腐烂，少数病薯的越冬菌丝随种薯发芽而开动、扩展并向幼芽蔓延，形成病菌，即中心病株。出现中心病株后，病部产生分生孢子囊，借风雨传播再侵染。病菌从气孔或直接穿透表皮侵入叶片，而为害块茎时则通过伤口、皮孔和芽眼侵入。

晚疫病在多雨年份易流行成灾。地势低洼排水不良的地块发病重，平地较垄地发病重。过分密植或株型高大可使小气候增加湿度，有利于发病。偏施氮肥引起植株徒长，或者土壤瘠薄缺氧或黏重土壤使植株生长衰弱，均有利于病害发生。增施钾肥可提高植株抗病性减轻病害发生。马铃薯的不同生育期对晚疫病的抗病力也不一致，一般幼苗抗病力强，而开花期前后最容易感病。叶片着生部位也影响发病，顶叶最抗病，中部次之，底叶最容易感病。

防治方法：防治马铃薯晚疫病，应以推广抗病品种，选用无病种薯为基础，并结合进行消灭中心病株，药剂防治和改进栽培技术等综合防治。

（1）选育和利用抗病品种。

（2）建立无病留种地、选用无病种薯和种薯处理：无病留种田应与大田相距 2.5km 以上，以减少病菌传播侵染机会，并严格施行各种防治措施。选用无病种薯也是防病的有效措施，可在发病较轻的地块，选择无病植株单收、单藏，留作种用。对种薯处理，可用 200 倍福尔马林液浸种 5min，而后堆积覆盖严密，闷种 2h，再摊开晾干。

（3）加强栽培管理。中心病株出现应即清除，或摘去病叶就地深埋。生长后期培土，减少病菌侵染薯块的机会，缩小株距，或在花蕾期喷施 90mg/kg 多效唑药液控制地上部植株生长，降低田间小气候湿度，均可减轻病情。在病害流行年份，适当提早割蔓，2 周后再收取薯块，可避免薯块与病株接触机会，降低薯块带菌率。

（4）药剂防治：在马铃薯开花前后，田间发现中心病株后，立即拔除深埋，并喷洒药剂进行防治。可使用克露100g/亩全田均匀喷洒，进行预防保护性防治，用抑快净每亩40g喷雾施药间隔期为5～10d施药1次；正常天气条件下间隔7～10d用药，25%甲霜灵可湿性粉剂800倍液，或用65%代森锌可湿性粉剂500倍液，64%杀毒矾可湿性粉剂500倍液，40%乙膦铝可湿性粉剂500倍液，75%百菌清可湿性粉剂600～800倍液喷雾。每隔7～10d喷药1次，连续喷药2～3次。如干旱少雨，喷药间隔天数可适当延长。

在高湿多雨条件下应间隔5～7d用药1次。根据病情发生风险的大小可适当调整用药次数。

二、早疫病

主要发生在叶片上，也可侵染块茎。叶片染病，病斑黑褐色，圆形或近圆形，具同心轮纹，大小3～4mm，湿度大时，病斑上生出黑色霉层，即病原菌分生孢子梗及分生孢子，发病严重的叶片干枯脱落，导致枯黄。块茎染病，产生暗褐色稍凹陷圆形或近圆形斑，边缘分明，皮下呈浅褐色海棉状干腐。该病近年呈上升趋势，其为害有的不亚于晚疫病。

以分生孢子或菌丝在病残体或带病薯块上越冬。翌年种薯发芽病菌即开始侵染，病苗出土后，其上产生的分生孢子借风、雨传播，进行多次再侵染使病害蔓延扩大。病菌易老叶片，遇有小到中雨，或连续阴雨，或湿度高于70%，该病易发生和流行。

分生孢子萌发适温25～28℃，当叶上有结露或水滴，温度适宜，分生孢子经35～45min即萌发，从叶面气孔或穿透表皮侵入，潜育期2～3d。瘠薄地块及肥力不足发病重。

防治方法：

（1）选用早熟耐病品种，适当提早收获。

（2）选择土壤肥沃的高燥田块种植，增施有机肥，推行配方施肥，提高寄主抗病力。

（3）发病前开始喷洒75%百菌清可湿性粉剂600倍液，或用64%杀毒矾可湿性粉剂500倍液、40%克菌丹可湿性粉剂400倍液、1∶1∶200波尔多液、77%可杀得可湿性微粒粉剂500倍液；隔7～10d 1次，连续防治2～3次。

三、青枯病

青枯病是一种世界性病害，尤其在温暖潮湿、雨水充沛的热带或亚热带地区更为重要。在长城以南大部分地区都可发生青枯病，黄河以南、长江流域地区青枯病最重，发病重的地块产量损失达80%左右，已成为毁灭性病害。青枯病最难控制，既无免疫抗原，又可经土壤传病，需要采取综合防治措施才能收效。

病害症状：在马铃薯整个生育期均可发生。植株发病时出现一个主茎或一个分枝急性萎蔫青枯，其他茎叶暂时照常生长，几日后，又同样出现上述症状以致全株逐步枯死。发病植株茎干基部维管束变黄褐色。若将一段病茎的一端直立浸于盛有清水的玻璃杯中，静止数分钟后，可见到在水中的茎端有乳白色菌脓流出，此方法可对青枯病进行确定。块茎被侵染后，芽眼会出现灰褐色，患病重的切开可以见到环状腐烂组织。

传病途径和发病条件：青枯病主要通过带病块茎、寄生植物和土壤传病。播种时有病块茎可通过切块的切刀传给健康块茎。种植的病薯在植株生长过程中根系互相接触，也可通过根部传病；中耕除草、浇水过程中土壤中的病菌可通过流水、污染的农具以及鞋上黏附的带病菌土传病；杂草带病也可传染马铃薯等。但种薯传病是最主要的，特别是潜伏状态的病薯，在低温条件下不表现任何症状，在温度适宜时才出现症状。病苗繁殖最适宜的温度为30℃，田间土温14℃以上，日平均气温20℃以上时植株即可发病，而且高温、高湿对青枯病发展有利。病菌在土壤中可存活14个月以上，甚至许多年。

防治方法：一是选用抗病品种。对青枯病无免疫抗原材料，选育的抗病品种只是相对地病害较轻，比易感病品种损失较小，所以仍有利用价值。主要抗病品种有阿奎拉、怀薯 6 号、鄂芋783-1 等。二是利用无病种薯。在南方疫区所有的品种都或多或少感病，若不用无病种薯更替，病害会逐年加重，后患无穷。所以应在高纬度地区，建立种薯繁育基地，培育健康无病种薯，利用脱毒的试管苗生产种薯，供应各地生产上用种，当地不留种，过几年即可达防治目的。此方法虽然人力物力花费大些，但却是一项最有效的措施。三是采取整薯播种，减少种薯间病菌传播。实行轮作，消灭田间杂草，浅松土，锄草尽量不伤及根部，减少根系传病机会等。四是禁止从病区调种，防止病害扩大蔓延。五是药剂防治。发病初期可用农用链霉素 5 000 倍液，或用 50% 氯溴异氰尿酸可溶性粉剂 1 200 倍液，或用铜制剂灌根，每 7~10d 施药 1 次，连施 2~3 次，具有一定效果。

四、环腐病

本病属细菌性维管束病害。地上部染病分枯斑和萎蔫两种类型。枯斑型多在植株基部复叶的顶上先发病，叶尖和叶缘及叶脉呈绿色，叶肉为黄绿或灰绿色，具明显斑驳，且叶尖干枯或向内纵卷，病情向上扩展，致全株枯死；萎蔫型初期则从顶端复叶开始萎蔫，叶缘稍内卷，似缺水状，病情向下扩展，全株叶片开始褪绿，内卷下垂，终致植株倒伏枯死，块茎发病，切开可见维管束变为乳黄色以至黑褐色，皮层内现环形或弧形坏死部，故称环腐，经储藏块茎芽眼变黑干枯或外表爆裂，播种后不出芽，或出芽后枯死或形成病株。病株的根、茎部维管束常变褐，病蔓有时溢出白色菌脓。

该菌在种薯中越冬，成为翌年初侵染源，病薯播下后，一部分芽眼腐烂不发芽，一部分出土的病芽，病菌沿维管束上升至茎中部，或沿茎进入新结薯块而致病。适合此菌生长温度20~23℃，最高 31~33℃，最低 1~2℃。致死温度为干燥情况下 50℃经 10min。最适 pH 值 6.8~8.4，传播途径主要是在切薯块时，病菌通过切刀带菌传染。

防治方法：一是选用种植抗病品种。二是建立无病留种田，尽可能采用整薯播种。切块要严格切刀消毒，每切一个块茎换一把刀或消毒一次。消毒可采用火焰烤刀、开水煮刀，或用75%酒精、0.2%升汞水、0.1%高锰酸钾等消毒。有条件的最好与选育新品种结合起来，利用杂交实生苗，繁育无病种薯。三是播前汰除病薯。把种薯先放在室内堆放5~6d，进行晾种，不断剔除烂薯，使田间环腐病大为减少。此外用50mg/kg硫酸铜浸泡种薯10min有较好效果。四是结合中耕培土，及时拔除病株，携出田外集中处理。五是可用50%甲基托布津可湿性粉剂500倍液浸种薯2h，然后晾干后播种。也可用种薯重量0.1%的敌克松加适量干细土混匀后拌种，随拌随播。

五、蚜虫

蚜虫是马铃薯苗期和生长期的主要害虫，不仅吸取液汁为害植株，还是重要的病毒传播者。

为害症状和生活习性：在马铃薯生长期蚜虫常群集在嫩叶的背面吸取液汁，造成叶片变形、皱缩，使顶部幼芽和分枝生长受到严重影响。繁殖速度快，每年可发生10~20代。幼嫩的叶片和花蕾都是蚜虫密集为害的部位。而且桃蚜还是传播病毒的主要害虫，对种薯生产常造成威胁。有翅蚜一般在4—5月迁飞，温度25℃左右时发育最快，温度高于30℃或低于6℃时，蚜虫数量都会减少。桃蚜一般在秋末时，有翅蚜又飞回第一寄主桃树上产卵，并以卵越冬。春季卵孵化后再以有翅蚜迁飞至第二寄主为害。

防治方法：一是生产种薯采取高海拔冷凉地区作基地，或风大蚜虫不易降落的地点种植马铃薯，以防蚜虫传毒。或根据有翅蚜迁飞规律，采取种薯早收，躲过蚜虫高峰期，以保种薯质量。二是药剂防治。发生初期用50%抗蚜威可湿性粉剂2 000~3 000倍液，或用0.3%苦参素杀虫剂1 000倍液，或用烟碱棟素乳油 1 000 倍液，或用 10%吡虫啉可湿性粉剂 2 000 倍液，或用 2.5%溴氰菊酯乳油 2 000 ~ 3 000 倍液，或用 20%氰戊菊酯乳油 3 000 ~ 5 000 倍液，或用 10%氯氰菊酯乳油 2 000 ~ 4 000 倍液，或用 3%啶虫脉乳油 800 倍液，或用乙酰甲胺磷 2 000 倍液，或用 40%乐果乳剂 1 000 ~ 2 000 倍液等药剂交替喷雾，效果较好。

六、二十八星瓢虫

为害症状和生活习性：28 星瓢虫成虫为红褐色带 28 个黑点的甲虫，幼虫为黄褐色，身有黑色刺毛，躯体扁椭圆形，行动迅速，专食叶肉。幼虫咬食叶背面叶肉，将马铃薯叶片咬成网状，使被害部位只剩叶脉，形成透明的网状细纹，叶子很快枯黄，光合作用受到严重影响使植株逐渐枯死。每年可繁殖 2 ~ 3 代。以成虫在草丛、石缝、土块下越冬。每年 3—4 月天气转暖时即飞出活动。6—7 月马铃薯生长旺季在植株上产卵，幼虫孵化后即严重为害马铃薯。成虫一般在马铃薯或枸杞的叶背面产卵，每次产卵 10 ~ 20 粒。产卵期可延续 1 ~ 2 个月，1 个雌虫可产卵 300 ~ 400 粒。孵化的幼虫 4 龄后食量增大，为害最重。

防治方法：一是由于繁殖世代不整齐，成虫产卵后，幼虫及成虫共同取食马铃薯叶片，可利用成虫假死习性，人工捕捉成虫，摘除卵块。查寻田边、地头，消灭成虫越冬虫源。二是药剂防治。用 50%的敌敌畏乳油 500 倍液喷洒，对成虫、幼虫杀伤力都很强，防治效果 100%。用 60%的敌百虫 500 ~ 800 倍液喷杀，或用 1 000 倍乐果溶液喷杀，效果都较好。防治幼虫应抓住幼虫分散前的有利时机，用 20%氰戊菊酯或 2.5%溴氰菊酯 3 000 倍液、或用 50%辛硫磷乳剂 1 000 倍液、或用 2.5%高效氯氟氰菊酯（功夫）乳油 3 000 倍液喷雾。发现成虫即开始喷药，每 10d 喷药 1 次，在植株生长期连续喷药 3 次，即可完全控制其为害。注意喷药时喷嘴向上喷雾，从下部叶背到上部都要喷药，以便把孵化的幼虫全部杀死。

七、茶黄螨

属于蜱螨目，是世界性的主要害螨之一，为害严重。

为害症状和生活习性：茶黄螨对马铃薯嫩叶为害较重，特别是二季作地区的秋季马铃薯植株中上部叶片大部受害，顶部嫩叶最重，严重影响植株生长。被害的叶背面有一层黄褐色发亮的物质，并使叶片向叶背卷曲，叶片变成扭曲、狭窄的畸形状态，这是茶黄螨侵害的结果，症状严重的叶片干枯。茶黄螨很小，肉眼看不见。茶黄螨在北京地区以 7—9 月为害最重。

防治方法：用40%乐果乳油1 000倍液，或25%灭螨猛可湿性粉剂1 000倍液，或用73%炔螨特乳油2 000～3 000倍液，或0.9%阿维菌素乳油4 000～6 000倍液喷雾，防治效果都很好。5～10d喷药1次，连喷3次。喷药重点在植株幼嫩的叶背和茎的顶尖，并使喷嘴向上，直喷叶子背面效果好。许多杂草是茶黄螨的寄主，对马铃薯田块周围的杂草集中焚烧，或进行药剂防治茶黄螨。

八、马铃薯块茎蛾

属鳞翅目麦蛾科，寄主为马铃薯、茄子、番茄、青椒等茄科蔬菜及烟草等。

为害症状和生活习性：主要以幼虫为害马铃薯。在长江以南的云南、贵州、四川等省种植马铃薯和烟草的地区，块茎蛾为害严重。在湖南、湖北、安徽、甘肃、陕西等省也有块茎蛾的为害。幼虫潜入叶内，沿叶脉蛀食叶肉，只留上下表皮，呈半透明状，严重时嫩茎、叶芽也被害枯死，幼苗可全株死亡。田间或储藏期可钻虫蛀马铃薯块茎，呈蜂窝状甚至全部蛀空，外表皱缩，并引起腐烂。在块茎储藏期间为害最重，受害轻的产量损失10%～20%，重的可达70%左右。以幼虫或蛹在储藏的薯块内，或在田间残留母薯内，或在茄子、烟草等茎茬内及枯枝落叶上越冬。成虫白天潜伏于植株丛间、杂草间或土缝里，晚间出来活动，但飞翔力很弱。在植株茎上、叶背和块茎上产卵，一般芽眼处卵最多，每个雌蛾可产卵 80 粒。夏季约 30d、冬季约 50d 1 代，每年可繁殖 5~6 代。

防治方法：一是选用无虫种薯，避免马铃薯与烟草等作物长期连作。禁止从病区调运种薯，防止扩大传播。二是块茎在收获后马上运回，不使块茎在田间过夜，防止成虫在块茎上产卵。三是清洁田园，结合中耕培土，避免薯块外露招引成虫产卵为害。集中焚烧田间植株和地边杂草，以及种植的烟草。四是清理储藏窖、库，并用敌敌畏等熏蒸灭虫，每立方米储藏库的容积，可用 1ml 敌敌畏熏蒸。五是药剂防治。用二硫化碳按 27g/m³ 库容密闭熏蒸马铃薯储藏库 4h。用药量可根据库容大小而增减，或用苏云金杆菌粉剂 1kg 拌种 1 000kg 块茎。在成虫盛发期喷药，用 4.5% 绿福乳油 1 000~1 500 倍液，或用 24% 万灵水剂 800 倍液喷雾防治。

第四节　自然灾害及减灾

不利的自然灾害不利于块茎形成对。形成块茎所需的最适气温是 17~20℃，10cm 处的地温要达到 16~18℃。低温下块茎形成得早，例如气温为 15℃ 时出苗后 7d 形成块茎，气温为 25℃ 时出苗后 21d 形成块茎，温度再高块茎就难以形成。当平均气温达到 24℃ 时，气温开始严重影响块茎的形成，29℃ 时块茎停止形成。夜间温度越高，越不利于块茎的形成。当夜间土壤温度连续超过 23℃ 时，植株就难以形成块茎，这就是中原地区夏季不能种植马铃薯的主要原因之一。

第五章　块茎膨大期管理

第一节　块茎膨大期生长发育特点

块茎膨大期是以块茎的体积和重量增长为中心的时期。开花后，茎叶生长进入盛期，叶面积迅速增大，光合作用旺盛，茎叶制造的养分向块茎输送，因此，在开花盛期，块茎的膨大速度很快，在适宜的条件下，一穴马铃薯块茎每天可增重 20 ~ 25g。盛花期是地上茎叶生长最旺盛的时期，也是决定块茎大小和产量高低的时期。此后，地上部分生长趋于停止，制造的养分不断向块茎中输送，块茎继续增大，直至茎叶枯黄为止。所以，该期是决定块茎大小的关键时期，马铃薯全部生育期所形成的干物质，大部分在这个时期形成，该期是马铃薯一生中需水施肥最多的时期，占生育期需肥量的50%以上。所以，该期必须充分满足对水肥的需要，保证及时追肥浇水。这一时期温度对块茎的膨大影响较大，块茎生长的适宜温度为 16 ~ 18℃，超过 21℃块茎的膨大就会严重受阻，甚至完全停止。

第二节　水肥管理

一、水分管理

马铃薯是需水较多的作物，其不同生育期对水分的需要是不同的（表 5 - 1）。幼苗期需水量占全生育期的 10% ~ 15%；块茎形成期需要占20%以上；块茎增长期需要占50%以上，此期是一生中需水量最多的时期；淀粉积累期水分过多往往造成块茎腐烂和种薯不耐储藏，所以要及时灌水和排涝。

在具备灌水的条件下，遇干旱年份的地块应适时灌水，早熟品种在块茎膨大时（6月下旬至7月上旬）至少灌水1次；中晚熟品种应在7月上中旬至少灌水1次，才能确保高产。根据马铃薯的发育特点对土壤湿度进行控制，达到丰产需求的最佳状态。

方式：有沟灌、喷灌、滴灌等方法。沟灌一般采用隔垄灌溉。

时间：一般按幼苗期、现蕾期、开花期、结薯期等阶段马铃薯的需水量控制土壤水分。如遇持续高温干旱则可进行次数不等的灌水。

表5-1 马铃薯各生育阶段对土壤水分需求特点

生育期	需水量（田间最大持水量的百分比）/%
发芽期	40~50
幼苗期	50~60
发棵前期	70~80
发棵后期	60左右
结薯期	80~85
淀粉累积期	50~60
收获期	30以下

二、养分管理

一般在旱区，只要施足底肥，生长期间可以不追肥。如果土壤瘠薄，基肥不足，苗期生长差时应及时追肥，要抢前抓早，追肥要以速效性氮肥为主。早熟品种最好在苗期追施效果显著，中晚熟品种以现蕾前追施效果最好。追肥应结合中耕或灌水进行。追肥施用量，主要根据肥料的种类、成分、土壤肥力、气候条件，以及马铃薯不同生育期和计划产量指标来确定。氮肥施入量一般每亩3~5kg为宜，也可用人粪尿每亩300~500kg，可分多次施入，也可用发酵好的鸡粪每亩70~100kg，还可用饼肥每亩30~50kg。如种肥用尿素100kg为基础，视情况可追尿素50kg/hm^{2}为适宜。

三、马铃薯块茎膨大期施肥的管理

（一）基肥

（1）全层施肥：活性硅钙镁有机肥每亩 50kg 与硫酸钾复肥（氮 15 磷 0 钾 15）每亩 50（沙土地 30）kg 充分混合后整地播种。播种时最好不要让薯块幼芽直接接触肥料。

（2）条施：活性硅钙镁有机肥每亩 50（沙土地 30）kg 与硫酸钾复肥（氮 15 磷 0 钾 15）每亩 50kg 充分混合后将肥料直接撒施在播种沟内，然后用土覆盖。播种时种块不宜与肥料直接接触。

（二）追肥

1. 黏土、壤土地追肥

团棵期：每亩氯化钾复肥（氮 16 磷 0 钾 16）20kg 加硫酸钾 7.5kg 于马铃薯团棵时追施。施用方法为开沟条施或挖穴点施均可。但施后须先用细土覆盖以免挥发损失，然后浇水，利于溶解。

块茎膨大期：每亩氯化钾复肥（氮 16 磷 0 钾 16）30kg 加硫酸钾 10kg 混合追施。

2. 沙土地追肥

齐苗后，每隔 10d 左右每亩用氯化钾复肥 12~15kg 加硫酸钾 3~4kg 混合追施。共追 3~5 次。追施的方法为开沟或挖穴，施肥后用土覆盖，然后浇水，也可雨后追施。

第三节　病虫害及防治

一、马铃薯病害

马铃薯病害根据病原大体分为真菌性、细菌性和病毒性病害三大类。真菌性的病害在发病部位产生各种颜色的霉层，如霜霉、绵霉、灰霉、赤霉、青霉及黑霉等。细菌性病害在病部出现的脓状黏液，在干燥后成为胶质的颗粒。病毒性病害植株多会出现皱缩、条纹、坏死、卷叶等病状。真菌性病害常见的有马铃薯晚疫病、马铃薯癌肿病、马铃薯粉痂病、马铃薯早疫病、马铃薯枯萎病、马铃薯白绢病、马铃薯炭疽病等；细菌性病害常见的有青枯病、黑胫病、环腐病、疮痂病等；病毒性病害有马铃薯病毒病。

（一）马铃薯晚疫病

马铃薯晚疫病由致病疫霉引起，导致马铃薯茎叶死亡和块茎腐烂的一种毁灭性真菌病害。

1. 为害症状

叶片染病先在叶尖或叶缘生水浸状绿褐色斑点，病斑周围具浅绿色晕圈，湿度大时病斑迅速扩大，呈褐色，并产生一圈白霉，即孢囊梗和孢子囊，尤以叶背最为明显；干燥时病斑变褐干枯，质脆易裂，不见白霉，且扩展速度减慢。茎部或叶柄染病现褐色条斑。发病严重的叶片萎垂、卷缩，终致全株黑腐，全田一片枯焦，散发出腐败气味。块茎染病初生褐色或紫褐色大块病斑，稍凹陷，病部皮下薯肉亦呈褐色，慢慢向四周扩大或烂掉（图 5 - 1）。

图 5 -1　马铃薯晚疫病病叶

2. 形态特征

孢囊梗分枝，每隔一段着生孢子囊处具膨大的节。孢子囊柠檬形，大小（2～38）μm×（12～23）μm，一端具乳突，另端有小柄，易脱落，在水中释放出5～9个肾形游动孢子。游动孢子具鞭毛2根，失去鞭毛后变成休止孢子，萌发出芽管，又侵入到寄主体内。菌丝生长适温20～23℃，孢子囊形成适温19～22℃，10～13℃形成游动孢子，温度高于24℃，孢子囊多直接萌发，孢子囊形成要求相对湿度高。

3. 传播途径

病菌主要以菌丝体在薯块中越冬。播种带菌薯块，导致不发芽或发芽后出土即死去，有的出土后成为中心病株，病部产生孢子囊借气流传播进行再侵染，形成发病中心，致该病由点到面，迅速蔓延扩大。病叶上的孢子囊还可随雨水或灌溉水渗入土中侵受染薯块，形成病薯，成为翌年主要侵染源。

4. 发病条件

病菌喜日暖夜凉高湿条件，相对湿度95%以上，18～22℃条件下，有利于孢子囊的形成，冷凉（10～13℃，保持1～2h）又有水滴存在，有利于孢子囊萌发产生游动孢子，温暖（24～25℃，持续5～8h）有水滴存在，利于孢子囊直接产出芽管。因此多雨年份，空气潮湿或温暖多雾条件下发病重。种植感病品种，植株又处于开花阶段，只要出现白天22℃左右，相对湿度高于95%持续8h以上，夜间10～13℃，叶上有水滴持续11～14h的高湿条件，本病即可发生，发病后10～14d病害蔓延全田或引起大流行。

5. 防治措施

（1）选用抗病品种：选抗病品种方法是最经济、最有效、最简便的方法。如克新号品种、高原号品种等，但此类抗晚疫病品种多为中、晚熟品种，早熟品种中仍缺少抗晚疫病的品种。

目前推广的抗病品种有鄂马铃薯1号、鄂马铃薯2号，坝薯 10 号，冀张薯 3 号，中心 24 号，1 - 1085，矮 88 - 1 - 99，陇薯 161 - 2，郑薯 4 号，抗疫 1 号，胜利 1 号，四斤黄，德友 1 号，同薯 8 号，克新 4 号，新芋 4 号，乌盟 601，文胜 2 号，青海 3 号等。这些品种在晚疫病流行年，受害较轻，各地可因地制宜选用。

（2）选用无病种薯，减少初侵染源：做到秋收入窖、冬藏查窖、出窖、切块、春化等过程中，每次都要严格剔除病薯，有条件的要建立无病留种地，进行无病留种。

（3）适时早播：晚疫病病原菌在阴雨连绵季节发展很快，因此，采取适时早播可提早出苗，提早成熟，具有避开晚疫病的作用。各地可根据当地气候条件确定适宜播期。

（4）加厚培土层：晚疫病可直接造成块茎在田间和储藏期间的腐烂。加厚培土的目的可以保护块茎免受从植株落到地面病菌的侵染，同时还可增加结薯层次，提高产量。

（5）提早割蔓：在晚疫病流行年，马铃薯植株和地面都存在大量病菌孢子囊，收获时侵染块茎。应在收获前 1 周左右割秧，运出田外，让地面暴晒 3～5d，再进行收获。既可减轻病菌对块茎的侵染，又使块茎表皮木栓化，不易破皮。

（6）农业防治：

①轮作换茬。防止连作，防止与茄科作物连作，或临近种植。应与十字花科蔬菜实行 3 年以上轮作，避免和马铃薯相邻种植。

②培育无病壮苗。病菌主要在土壤或病残体中越冬，因此，育苗土必须严格选用没有种植过茄科作物的土壤，提倡用营养钵、营养袋、穴盘等培育无病壮苗。

③加强田间管理。施足基肥，实行配方施肥，避免偏施氮肥，增施磷、钾肥。定植后要及时防除杂草，根据不同品种结果习性，合理整枝、摘心、打杈，减少养分消耗，促进主茎的生长。

④合理密植。根据不同品种生育期长短、结果习性，采用

不同的密植方式，如双秆整枝的每亩栽 2 000 株左右，单杆整枝的每亩栽 2 500～3 500 株，合理密植，可改善田间通风透光条件，降低田间湿度，减轻病害的发生。

（7）药剂防治：

①预防用药。在预期发病时，采用 38% 恶霜菌酯 1 000 倍液喷施或 4% 嘧啶核苷类抗菌素＋金贝 40ml 对水 15kg，每 7～10d 1 次。

②治疗用药。发病初期，及时摘除病叶、病果及严重病枝，然后根据作物该时期并发病害情况，喷洒 72% 克露或克霜氰或霜霸可湿性粉剂 700 倍液、90% 三乙膦酸铝可湿性粉剂 400 倍液、38% 恶霜菌酯或 64% 恶霜灵锰锌可湿性·粉剂 500 倍液、60% 琥·乙膦铝可湿性粉剂 500 倍液、50% 甲霜铜可湿性粉剂 700～800 倍液、4% 嘧啶核苷类抗菌素水剂 800 倍液、1：1：200 倍式波尔多液，隔 7～10d 1 次，连续防治 2～3 次。发病较重时，清除中心病株、病叶等，及时防治，如霜贝尔 50ml＋氰·霜唑 25g 或霜霉威·盐酸盐 20g，3d 用药 1 次，连用 2～3 次，即可有效治疗。

（二）癌肿病

1. 为害症状

被害块茎或匍匐茎由于病菌刺激寄主细胞不断分裂，形成大大小小花菜头状的瘤，表皮常龟裂，癌肿组织前期呈黄白色，后期变黑褐色，松软，易腐烂并产生恶臭。病薯在窖藏期仍能继续扩展为害，甚者造成烂窖，病薯变黑，发出恶臭。地上部，田间病株初期与健株无明显区别，后期病株较健株高，叶色浓绿，分枝多。重病田块部分病株的花、茎、叶均可被害而产生癌肿病变。

2. 形态特征

病菌内寄生，其营养菌体初期为一团无胞壁裸露的原生质（称变形体），后为具胞壁的单胞菌体。当病菌由营养生长转向生殖生长时，整个单胞菌体的原生质就转化为具有一个总囊壁的休眠孢子囊堆，孢子囊堆近球形，大小（47×100）μm～（78×81）μm，内含若干个孢子囊。孢子囊球形，锈褐色，大小（40.3～77）μm×（31.4～64.6）μm，壁具脊突，萌发时释放出游动孢子或合子。游动孢子具单鞭毛，球形或洋梨形，直径2～2.5μm，合子具双鞭毛，形状如游动孢子，但较大。在水中均能游动，也可进行初侵染和再侵染。

3. 传播途径

病菌以休眠孢子囊在病组织内或随病残体遗落土中越冬。休眠孢子囊抗逆性很强，甚至可在土中存活25～30年，遇条件适宜时，萌发产生游动孢子和合子，从寄主表皮细胞侵入，经过生长产生孢子囊。孢子囊可释放出游动孢子或合子，进行重复侵染。并刺激寄主细胞不断分裂和增生。在生长季节结束时，病菌又以休眠孢子囊转入越冬。

4. 发病条件

病菌对生态条件的要求比较严格，在低温多湿、气候冷凉、昼夜温差大、土壤湿度高、温度在12～24℃的条件下有利病菌侵染。本病目前主要发生在四川、云南，而且疫区一般在海拔2 000m左右的冷凉山区。此外土壤有机质丰富和酸性条件有利发病。

5. 防治措施

（1）严格检疫：划定疫区和保护区严禁疫区种薯向外调运，病田的土壤及其上生长的植物也严禁外移。

（2）选用抗病品种：品种间抗性差异大，中国云南的马铃薯"米粒"品种表现高抗，可因地制宜选用。

（3）重病地不宜再种马铃薯，一般病地也应根据实际情况改种非茄科作物。

（4）加强栽培管理：做到勤中耕，施用净粪，增施磷钾肥，及时挖除病株集中烧毁。

（5）必要时病地进行土壤消毒。

（6）及早施药：防治坡度不大、水源方便的田块于70%植株出苗至齐苗期，用20%三唑酮乳油1 500倍液浇灌；在水源不方便的田块可于苗期、蕾期喷施20%三唑酮乳油2 000倍液，每亩喷对好的药液50～60L，有一定防治效果。

（三）粉痂病

1. 为害症状

主要为害块茎及根部，有时茎也可染病。块茎染病初在表皮上出现针头大的褐色小斑，外围有半透明的晕环，后小斑逐渐隆起、膨大，成为直径3～5mm不等的"疱斑"，其表皮尚未破裂，为粉痂的"封闭疱"阶段。后随病情的发展，"疱斑"表皮破裂、反卷，皮下组织现橘红色，散出大量深褐色粉状物（孢子囊球），"疱斑"下陷呈火山口状，外围有木栓质晕环，为粉痂的"开放疱"阶段。根部染病于根的一侧长出豆粒大小单生或聚生的瘤状物。

2. 形态特征

粉痂病"疱斑"破裂散出的褐色粉状物为病菌的休眠孢子囊球（休眠孢子团），由许多近球形的黄色至黄绿色的休眠孢子囊集结而成，外观如海绵状球体，直径19～33pm，具中腔空穴。休眠孢子囊球形至多角形，直径3.5～4.5μm，壁不太厚，平滑，萌发时产生游动孢子。游动孢子近球形，无胞壁，顶生不等长的双鞭毛，在水中能游动，静止后成为变形体，从根毛或皮孔侵入寄主内致病。游动孢子及其静止后所形成的变形体，成为本病初侵染源。

3. 传播途径

病菌以休眠孢子囊球在种薯内或随病残物遗落在土壤中越冬，病薯和病土成为翌年本病的初侵染源。病害的远距离传播靠种薯的调运；田间近距离传播则靠病土、病肥、灌溉水等。休眠孢子囊在土中可存活4～5年，当条件适宜时，萌发产生游动孢子，游动孢子静止后成为变形体，从根毛、皮孔或伤口侵入寄主；变形体在寄主细胞内发育，分裂为多核的原生质团；到生长后期，原生质团又分化为单核的休眠孢子囊，并集结为海绵状的休眠孢子囊球，充满寄主细胞内。病组织崩解后，休眠孢子囊球又落入土中越冬或越夏。

4. 发病条件

土壤湿度 90% 左右，土温 18~20℃，土壤 pH 值 4.7~5.4，适于病菌发育，因而发病也重。一般雨量多、夏季较凉爽的年份易发病。本病发生的轻重主要取决于初侵染及初侵染病原菌的数量，田间再侵染即使发生也不重要。

5. 防治方法

（1）严格执行检疫制度，对病区种薯严加封锁，禁止外调。

（2）病区实行 5 年以上轮作（长期与牧草轮作）。

（3）选留无病种薯：把好收获、储藏、播种关，剔除病薯，必要时可用 2% 盐酸溶液或 40% 福尔马林 200 倍液浸种 5min 或用 40% 福尔马林 200 倍液将种薯浸湿，再用塑料布盖严闷 2h，晾干播种。

（4）增施基肥或磷钾肥：多施石灰或草木灰，改变土壤 pH 值。加强田间管理，提倡高畦栽培，避免大水漫灌，防止病菌传播蔓延。

（5）用甲烷钠熏蒸土壤可以起到一定的防治效果。

（四）早疫病

1. 为害症状

马铃薯早疫病是最主要的叶片病害之一。主要发生在叶片上（图 5 - 2），也可侵染块茎。叶片染病病斑黑褐色，圆形或近圆形，具同心轮纹，大小 3~4mm。湿度大时，病斑上生出黑色霉层，即病原菌分生孢子梗和分生孢子。病斑通常在花期前后首先从底部叶片形成，到植株成熟时病斑明显增加并会引起枯黄、落叶或早死。腐烂的块茎颜色黑暗，干燥似皮革状。发病严重的叶片干枯脱落，田间一片枯黄。块茎染病产生暗褐色稍凹陷圆形或近圆形病斑，边缘分明，皮下呈浅褐色海绵状干腐。该病近年呈上升趋势，其为害有的地区不亚于晚疫病。

图 5 - 2　马铃薯早疫病病叶

易感品种（通常是早熟品种）可能表现出严重的落叶，晚熟品种抗性较强。植株在容易徒长的不利条件下，例如不良环境、温暖、潮湿气候，其他病害或者养分不足时易感早疫病并出现早死。

2. 形态特征

菌丝丝状，有隔膜。分生孢子梗自气孔伸出，束生，每束 1~5 根，梗圆筒形或短杆状，暗褐色，具隔膜 1~4 个，大小（30.6~104）μm×（4.3~9.19）μm，直或较直，梗顶端着生分生孢子。分生孢子长卵形或倒棒形，淡黄色，大小（85.6~146.5）μm×（11.7~22）μm，纵隔 1~9 个，横隔 7~13 个，顶端长有较长的喙，无色，多数具 1~3 个横隔，大小（6.3~74）μm×（3~7.4）μm。

3. 传播途径

以分生孢子或菌丝在病残体或带病薯块上越冬，翌年种薯发芽病菌即开始侵染。病苗出土后，其上产生的分生孢子借风、雨传播，进行多次再侵染使病害蔓延扩大。病菌易侵染老叶片，遇有小到中雨或连续阴雨或湿度高于70%，该病易发生和流行。

4. 发病条件

分生孢子萌发适温26~28℃，当叶上有结露或水滴，温度适宜，分生孢子经35~45 min即萌发，从叶面气孔或穿透表皮侵入，潜育期2~3d。瘠薄地块及肥力不足田发病重。

5. 防治方法

（1）农业防治：

①培育壮苗。要调节好苗床的温度和湿度，在苗子长到两叶一心时进行分苗，谨防苗子徒长。苗期喷施奥力克-霜贝尔500倍液，可防止苗期患病。

②轮作倒茬。番茄应实行与非茄科作物三年轮作制。

③加强田间管理要实行高垄栽培，合理施肥，定植缓苗后要及时封垄，促进新根发生。温室内要控制好温度和湿度，加强通风透光管理。结果期要定期摘除下部病叶，深埋或烧毁，以减少传病的机会。

（2）药剂防治：

①预防用药。在预期发病时，采用奥力克-霜贝尔500倍液喷施或采用霜贝尔30ml+金贝40ml对水15kg，每7~10d1次。

②治疗用药。发病初期，及时摘除病叶、病果及严重病枝，然后根据作物该时期并发病害情况，采用霜贝尔50ml+金贝40ml或霜贝尔50ml+霉止30ml或霜贝尔50ml+青枯立克30ml，对水15kg，5~7d用药1次，连用2~3次。发病较重时，清除中心病株、病叶等，及时采用中西医结合的防治方法，如霜贝尔50ml+氰·霜唑25g或霜霉威·盐酸盐20g，3d用药1次，连用2~3次，即可有效治疗。

（五）马铃薯枯萎病

1. 为害症状

地上部出现萎蔫，剖开病茎，薯块维管束变褐，湿度大时，病部常产生白色至粉红色菌丝。

2. 形态特征

子座灰褐色；大型分生孢子在子座或黏分生孢子团里生成，镰刀形，弯曲，基部有足细胞，多 3 个隔膜，大小（19～45）μm×（2.5～5）μm，5 个隔膜的大小为（30～60）μm×（3.5～5）μm。小型分生孢子 1～2 个细胞，卵形或肾脏形，大小（5～26）μm×（2～4.5）μm，多散生在菌丝间，一般不与大型分生孢子混生。厚垣孢子球形，平滑或具褶，大多单细胞，顶生或间生，大小 5～15 μm。

3. 传播途径

病菌以菌丝体或厚垣孢子随病残体在土壤中或在带菌的病薯上越冬。翌年病部产生的分生孢子借雨水或灌溉水传播，从伤口侵入。

4. 发病条件

田间湿度大、土温高于28℃或重茬地、低洼地易发病。

5. 防治方法

（1）与禾本科作物或绿肥等进行 4 年轮作。

（2）选用无病种薯，用化学保护剂处理切块的种薯，例如让切好的薯块蘸一层 7%～8% 的杀菌粉剂，施用腐熟有机肥，加强水肥管理，可减轻发病。

（3）必要时浇灌 12.5% 增效多菌灵浓可溶剂 300 倍液。

（4）不在带有萎蔫性镰刀菌的田块里种植马铃薯。

（六）马铃薯白绢病

1. 为害症状

薯块上密生白色丝状菌丝，并有棕褐色圆形菜籽状小菌核，切开病薯皮下组织变褐（图5－3）。

图5－3　马铃薯白绢病薯块

2. 形态特征

菌丝无色，具隔膜；菌核由菌丝构成，外层为皮层，内部由拟薄壁组织及中心部疏松组织构成，初白色，紧贴于寄主上，老熟后产生黄褐色圆形或椭圆形小菌核，直径0.5～3mm。高温高湿条件下，产生担子及担孢子。担子无色，单胞，棍棒状，大小（16×6.6）μm，小梗顶端着生单胞无色的担孢子。此外，有报道罗耳伏革菌，也是该病病原。

3. 传播途径

以菌核或菌丝遗留在土中或病残体上越冬。菌核抗逆性强，耐低温，在－10℃或通过家畜消化道后尚可存活，自然条件下经5～6年仍具萌发力。菌核萌发后产生菌丝，从根部或近地表茎基部侵入，形成中心病株，后在病部表面生白色绢丝状菌丝体及圆形小菌核，再向四周扩散。

4. 发病条件

菌丝不耐干燥，发育适温32～33℃，最高40℃，最低8℃，耐酸碱度范围pH值1.9～8.4，最适pH值5.9。在田间病菌主要通过雨水、灌溉水、肥料及农事操作等传播蔓延。南方6、7

月高温潮湿，马铃薯地湿度大或栽植过密，行间通风透光不良，施用未充分腐熟的有机肥及连作地发病重。

5. 防治方法

（1）发病重的地块应与禾本科作物轮作，有条件的可进行水旱轮作效果更好。

（2）深翻土地，把病菌翻到土壤下层，可减少该病发生。

（3）在菌核形成前，拔除病株，病穴撒石灰消毒。

（4）施用充分腐熟的有机肥，适当追施硫酸铵、硝酸钙发病少。

（5）调整土壤酸碱度，结合整地，每亩施消石灰 100 ~ 150kg，使土壤呈中性至微碱性。

（6）病区可用 40% 五氯硝基苯 1kg 加细干土 40kg 混匀后撒施于茎基部土壤上或喷洒 50% 拌种双可湿性粉剂 500 倍液、50% 混杀硫或 36% 甲基硫菌灵悬浮剂 500 倍液、20% 三唑酮乳油 2 000 倍液，隔 7 ~ 10d 1 次。此外，也可用 20% 利克菌（甲基立枯磷）乳油 1 000 倍液于发病初期灌穴或淋施 1 ~ 2 次，隔 15 ~ 20d 1 次。

（七）马铃薯炭疽病

1. 为害症状

马铃薯染病后早期叶色变淡，顶端叶片稍反卷，后全株萎蔫变褐枯死。地下根部染病从地面至薯块的皮层组织腐朽，易剥落，侧根局部变褐，须根坏死，病株易拔出。茎部染病生许多灰色小粒点，茎基部空腔内长很多黑色粒状菌核。

2. 形态特征

马铃薯块茎上形成银色至褐色的病斑，边缘界限不明显，上面常有球形或不规则的黑色菌核。刚毛聚生在分生孢子盘中央或散生于孢子盘中，刚毛黑褐色，顶端较尖，分生孢子梗圆筒形，偶有隔膜，无色至淡褐色，直，大小（16 ~ 27）μm ×（3 ~ 5）μm。分生孢子圆柱形，单胞无色，直，有时稍弯，内含物颗粒状，大小（7～22）μm×（3.5～5）μm。在培养基上生长适温25～32℃，最高34℃，最低6～7℃（图5－4）。

图5－4 马铃薯炭疽病

3. 传播途径

主要以菌丝体在种子里或病残体上越冬，翌春产生分生孢子，借雨水飞溅传播蔓延。孢子萌发产出芽管，经伤口或直接侵入。生长后期，病斑上产生的粉红色黏稠物内含大量分生孢子，通过雨水溅射传到健薯上，进行再侵染。

4. 发病条件

高温、高湿发病重。

5. 防治措施

（1）及时清除病残体。

（2）避免高温高湿条件出现。

（3）发病初期开始喷洒25%嘧菌酯悬浮剂1 500倍液、50%翠贝干悬浮剂3 000倍液、60%百泰可分散粒剂1 500倍液、70%甲基托布津可湿性为粉剂800倍液、50%多菌灵可湿性粉剂800倍液、80%炭疽福美可湿性粉剂800倍液等。上述药剂与天达2116混配交替使用，效果更佳。

（八）青枯病

青枯病，有时也称作褐腐病，是暖温地区马铃薯最严重的细菌性病害，由青枯假单细胞菌引起，一般对产量有较大的影响，而能引起较大的储藏损失。

1. 为害症状

初期萎蔫表现在植株的一部分，首先影响叶片的一边或一个分枝，轻微的变黄随着萎蔫。晚期症状是严重萎蔫、变褐和叶片干枯，然后枯死。如果对典型的感病植株做一个横切面，可以看见维管束变黑，并有灰白色的黏液渗出，而症状轻微的植株不会出现这种情况。这一点可以通过以下方法来证实，将茎横切面放入静止、清亮、装有水的玻璃杯中，有乳白色液体出现。

当土壤黏性大时，灰白色的细菌黏液可以渗透至芽眼或者块茎顶部末端。如果将发黑的茎或块茎切开，会有灰白色液体分泌出来，地上部或者块茎症状可能会单独出现，但后者通常紧接着前者。将感染的种薯在冷凉地区种植或薯块在生长后期遭到感染发生潜在性块茎感染。在高温时，枯萎症状发展迅速。

2. 形态特征

菌体短杆状，单细胞，两端圆，单生或双生，极生 1 ~ 3 根鞭毛。在肉汁陈蔗糖琼脂培养基上菌落圆形或不整形，污白色或暗色到黑褐色，稍隆起，平滑具亮光，革兰氏染色阴性。在TTC 培养基上，青枯病有流动性，出现颜色呈红或粉红的菌落。

3. 传播途径

病菌随病残组织在土壤中越冬，侵入薯块的病菌在窖里越冬，无寄主可在土中腐生 14 个月至 6 年。病菌通过灌溉水或雨水传播，从茎基部或根部伤口侵入，也可透过导管进入相邻的薄壁细胞，致茎部出现不规则水浸状斑。青枯病是典型维管束病害，病菌侵入维管束后迅速繁殖并堵塞导管，妨碍水分运输导致萎蔫。

4. 发病条件

青枯假单胞菌在 10 ~ 40℃ 均可发育，最适为 30 ~ 37℃，适应 pH 值 6 ~ 8，最适 pH 值 6.6，一般酸性土发病重。田间土壤含水量高、连阴雨或大雨后转晴气温急剧升高发病重。

5. 防治方法

（1）实行与十字花科或禾本科作物 4 年以上轮作，最好与禾本科进行水旱轮作。

（2）选用抗青枯病品种。

（3）选择无病地育苗，采用高畦栽培，避免大水漫灌。

（4）清除病株后，撒生石灰消毒。

（5）加强栽培管理，采用配方施肥技术，喷施植宝素 7 500 倍液或爱多收 6 000 倍液，施用充分腐熟的有机肥或草木灰、五四○六 3 号菌 500 倍液，可改变微生物群落。还可每亩施石灰 100 ~ 150kg，调节土壤 pH 值。

（6）药剂防治：用南京农业大学试验的青枯病拮抗菌 MA - 7、NOE - 104，于定植时大苗浸根；也可在发病初期用硫酸链霉素或 72% 农用硫酸链霉素可溶性粉剂 4 000 倍液或农抗 "401" 500 倍液、25% 络氨铜水剂 500 倍液、77% 可杀得可湿性微粒粉剂 400 ~ 500 倍液、50% 百菌通可湿性粉剂 400 倍液、12% 绿乳铜乳油 600 倍液、47% 加瑞农可湿性粉剂 700 倍液灌根，每株灌对好的药液 0.3 ~ 0.5L，隔 10d 1 次，连续灌 2 ~ 3 次。

（九）黑胫病

1. 为害症状

黑胫病主要侵染茎或薯块，从苗期到生育后期均可发病。种薯染病腐烂成黏团状，不发芽，或刚发芽即烂在土中，不能出苗。幼苗染病一般株高 15 ~ 18cm 出现症状，植株矮小，节间短缩，或叶片上卷，褪绿黄化，或胫部变黑，萎蔫而死。横切茎可见三条主要维管束变为褐色。薯块染病始于脐部，呈放射状向髓部扩展，病部黑褐色，横切可见维管束亦呈黑褐色，用手压挤皮肉不分离，湿度大时，薯块变为黑褐色，腐烂发臭，别于青枯病（图5-5）。

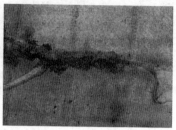

图5-5 马铃薯黑胫病

2. 形态特征

菌体短杆状，单细胞，极少双连，周生鞭毛，具荚膜，大小（1.3～1.9）μm×（0.53～0.6）μm，革兰氏染色阴性，能发酵葡萄糖产出气体，菌落微凸乳白色，边缘齐整圆形，半透明反光，质黏稠。胡萝卜软腐欧文氏菌马铃薯黑胫亚种适宜温度10～38℃，最适为25～27℃，高于45℃即失去活力。

3. 传播途径

种薯带菌，土壤一般不带菌。病菌先通过切薯块扩大传染，引起更多种薯发病，再经维管束或髓部进入植株，引起地上部发病。田间病菌还可通过灌溉水、雨水或昆虫传播，经伤口侵入致病，后期病株上的病菌又从地上茎通过匍匐茎传到新长出的块茎上。储藏期病菌通过病健薯接触经伤口或皮孔侵入使健薯染病。

4. 发病条件

当湿度过大时，黑胫病可以在任何发育阶段发生。黑色黏性病斑通常是从发软、腐烂的母薯开始并沿茎秆向上扩展。新的薯块有时在顶部末端腐烂。幼小植株通常矮化或直立。可能出现叶片变黄或小叶向上卷曲，通常紧接着枯萎或死亡。窖内通风不好或湿度大、温度高，利于病情扩展。带菌率高或多雨、低洼地块发病重。

5. 防治方法

（1）选用抗病品种：如抗疫 1 号、胜利 1 号、反帝 2 号、渭会 2 号、渭会 4 号和渭薯 2 号等。

（2）选用无病种薯，建立无病留种田。

（3）切块用草木灰拌种后立即播种。

（4）适时早播，促使早出苗。

（5）发现病株及时挖除，特别是留种田更要细心挖除，减少菌源。

（6）种薯入窖前要严格挑选，入窖后加强管理，窖温控制在 1~4℃，防止窖温过高，湿度过大。

（7）避免将马铃薯种植在潮湿的土壤中，不要过度灌溉。

（8）成熟后尽量小心的收获块茎，避免在阳光下暴晒。

（9）块茎在储藏或运输前必须风干。

（十）疮痂病

1. 为害症状

为害马铃薯块茎，块茎表面先产生褐色小点，扩大后形成近圆形至不定形木栓化疮痂状淡褐色病斑或斑块，因产生大量木栓化细胞使表面粗糙，手摸质感粗糙（图 5-6）。后期中央

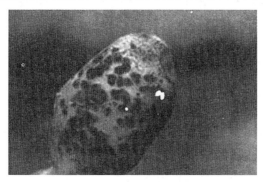

图 5-6 马铃薯疮痂病

稍凹陷或凸起呈疮痂状硬斑块。通常病斑虽然仅限于皮层，不深入薯内，别于粉痂病。但被害薯块质量和产量仍可降低，不耐储藏，且病薯外观不雅，商品品级大为下降，导致一定的经济损失。

2. 形态特征

菌体丝状，有分枝，极细，尖端常呈螺旋状，连续分割生成大量孢子。孢子圆筒形，大小（1.2~1.5）μm×（0.8~1.0）μm。

3. 传播途径

病菌在土壤中腐生或在病薯上越冬。块茎生长的早期表皮木栓化之前，病菌从皮孔或伤口侵入后染病，当块茎表面木栓化后，侵入则较困难。病薯长出的植株极易发病，健薯播入带菌土壤中也能发病。

4. 发病条件

适合该病发生的温度为25~30℃，中性或微碱性沙壤土发病重，pH值5.2以下很少发病。品种间抗病性有差异，白色薄皮品种易感病，褐色厚皮品种较抗病。

5. 防治方法

（1）选用无病种薯，一定不要从病区调种。播前用40%福尔马林120倍液浸种4min。

（2）多施有机肥或绿肥，可抑制发病。

（3）与葫芦科、豆科、百合科蔬菜进行5年以上轮作。

（4）选择保水好的菜地种植，结薯期遇干旱应及时浇水。

二、马铃薯害虫

在马铃薯的种植中，害虫是造成马铃薯经济损失主要因素之一，害虫有60多种，常见的害虫有马铃薯瓢虫、蚜虫、草地螟、芫菁、蝗虫、马铃薯块茎蛾。

（一）二十八星瓢虫

1. 形态特征

成虫：体长 7~8mm，半球形，赤褐色，全体密生黄褐色细毛。前胸背板中央有 1 个较大的剑状纹，两侧各有两个黑色小斑（有时合并成 1 个）。两鞘翅各有 14 个黑色斑，鞘翅基部 3 个黑斑后面的 4 个斑不在一条直线上；两鞘翅合缝处有 1~2 对黑斑相连。

幼虫：老熟幼虫淡黄色，纺锤形，背面隆起，体背各节生有整齐的枝刺，前胸及腹部 8~9 节各有枝刺 4 根，其余各节为 6 根（图 5-7）。

蛹：呈淡黄色，椭圆形，尾端包着末龄幼虫的蜕皮，背面有淡黑色斑纹。

卵：初产淡黄色后变黄褐色。

 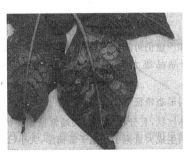

A. 成虫　　　　　　　　　　　　　　B. 幼虫

图 5-7　马铃薯二十八星瓢虫及其取食的叶片

2. 生活习性

马铃薯瓢虫在东北、华北、山东等地每年发生 2 代，江苏发生 3 代。均以成虫在发生地附近的背风向阳的各种缝隙或隐蔽处群集越冬，树缝、树洞、石洞、篱笆下也都是良好的越冬场所。越冬成虫一般在日平均气温达 16℃ 以上时即开始活动，20℃ 则进入活动盛期，初活动成虫，一般不飞翔，只在附近杂草上取食，到 5~6d 才开始飞翔到周围马铃薯田间。成虫产卵于叶背，有假死性，受惊扰时常假死坠地，并分泌有特殊臭味的黄色液体，幼虫共 4 龄，老熟的幼虫在原株的叶背、茎或附近杂草上化蛹。

越冬成虫 6 月中旬为产卵盛期，6 月上旬至 7 月上旬为第 1 代幼虫为害严重。

影响马铃薯瓢虫发生的最重要因素是夏季高温，28℃ 以上卵即使孵化也不能发育至成虫，所以马铃薯瓢虫实际是北方的种群，过热的南方没有分布。

马铃薯瓢虫对马铃薯有较强的依赖性，其成虫不取食马铃薯，便不能正常的发育和繁殖，幼虫也如此。

3. 为害特点

马铃薯瓢虫主要为害茄科植物，是马铃薯和茄子的重要害虫。成虫、幼虫取食叶片、果实和嫩茎。取食后叶片残留表皮，且成许多平行的牙痕。被害叶片仅留叶脉和上表皮，形成许多不规则透明的凹纹，逐渐变硬，严重时全田如枯焦状，植株干枯而死。

4. 防治方法

（1）农业防治：及时清除田园的杂草和残株，降低越冬虫源基数。

（2）人工防治：根据成虫的假死性，可以折打植株，捕捉成虫；人工摘除叶背上的卵块和植株上的蛹，并集中杀灭。

（3）药剂防治：药剂防治应掌握在马铃薯瓢虫幼虫分散之前用药，效果最好。

80% 敌敌畏乳油或 90% 晶体敌百虫或 50% 马拉硫磷 1 000 倍液；50% 辛硫磷乳油 1 500~2 000 倍液；2.5% 溴氰菊酯乳油或 20% 氰戊菊酯或 40% 菊杂乳油或菊马乳油 3 000 倍液；21% 灭杀毙乳油 6 000 倍液喷雾。

（二）草地螟

草地螟，螟蛾科。又名黄绿条螟、甜菜、网螟。草地螟为多食性大害虫，可取食35科，200余种植物。主要为害甜菜、大豆、向日葵、马铃薯、麻类、蔬菜、药材等多种作物。大发生时禾谷类作物、林木等均受其害。但它最喜取食的植物是灰菜、甜菜和大豆等。草地螟（图5－8）在我国主要分布于东北、西北、华北一带。

图5－8　马铃薯草地螟

1. 形态特征

成虫：淡褐色，体长8～10mm，前翅灰褐色，外缘有淡黄色条纹，翅中央近前缘有一深黄色斑，顶角内侧前缘有不明显的三角形浅黄色小斑，后翅浅灰黄色，有两条与外缘平行的波状纹。

卵：椭圆形，长0.8～1.2mm，为3、5粒或7、8粒串状黏成复瓦状的卵块。

幼虫：共5龄，老熟幼虫16～25mm，1龄淡绿色，体背有许多暗褐色纹，3龄幼虫灰绿色，体侧有淡色纵带，周身有毛瘤。5龄多为灰黑色，两侧有鲜黄色线条。

蛹：蛹长 14～20mm，背部各节有 14 个赤褐色小点，排列于两侧，尾刺 8 根。

2. 生活习性

分布于我国北方地区，每年发生 2～4 代，以老熟幼虫在土内吐丝作茧越冬。翌春 5 月化蛹及羽化。成虫飞翔力弱，喜食花蜜，卵散产于叶背主脉两侧，常 3～4 粒在一起，以距地面 2～8cm 的茎叶上最多。初孵幼虫多集中在枝梢上结网躲藏，取食叶肉，3 龄后食量剧增，幼虫共 5 龄。

3. 为害特点

草地螟以老熟幼虫在丝质土茧中，越冬。越冬幼虫在翌春，随着日照增长和气温回升，开始化蛹，一般在 5 月下至 6 月上旬进入羽化盛期。越冬代成虫羽化后，从越冬地迁往发生地，在发生地繁殖 1～2 代后，再迁往越冬地，产卵繁殖到老熟幼虫入土越冬。在我国北方草地螟的越冬发生地在内蒙古中部、山西北部和河北张家口地区。这些地区 8 月以后，气温偏低，降雨量不大，荒坡、草滩和休闲地面积大，草地螟越冬虫茧受人为耕作影响较小，大多地处海拔 1 000～1 600m 的高度。如在越冬地草地螟幼虫越冬面积广，数量大，翌年春羽化后，便可随当时的季风迁至内蒙古东部、辽宁中西部。草地螟成虫有群集性。在飞翔、取食、产卵以及在草丛中栖息等，均以大小不等的高密度的群体出现。对多种光源有很强的趋性。龙其对黑光灯趋性更强，在成虫盛发期一支黑光灯一夜可诱到成虫成千上万头。成虫需补充营养，常群集取食花蜜。成虫产卵选择性很强，在气温偏高时，选高海拔冷凉的地方，气温偏低时，选低海拔向阳背风地，在气温适宜时选择比较湿润的地方。卵多产在藜科、菊科、锦葵科和茄科等植物上。幼虫 4、5 龄期食量较大，占幼虫总食量的 80% 以上，此时如果幼虫密度大而食量不足时可集群爬至他处为害。初孵幼虫取食叶肉，残留表皮，长大后可将叶片吃成缺刻或仅留叶脉，使叶片呈网状。大发生时，也为害花和幼苗。草地螟是一种间歇性暴发成灾的害虫。

4. 防治方法

（1）防治策略：草地螟防治策略是"以药剂防治幼虫为主，结合除草灭卵，挖防虫沟或打药带阻隔幼虫迁移为害"。应急防治区应以药剂普治3龄幼虫为主，组织好综防统治，及时检查防效，防止迁移为害。重点挑治区应以除草灭卵、挖沟或打隔离带为主，对幼虫聚集为害的地块进行重点挑治。

（2）技术措施：准确预报是适时防治草地螟的关键。各地要严格执行《草地螟测报调查规范》，及时汇总、分析虫情并在电视、广播上发布虫情预报，宣传防治技术，提高虫情信息入户率，使广大农民认识防虫的必要性和重要性，掌握防虫技术。

①除草灭卵。在卵已产下，而大部分未孵化时，结合中耕除草灭卵，将除掉的杂草带出田外沤肥或挖坑埋掉。同时要除净田边地埂的杂草，以免幼虫迁入农田为害。幼虫已孵化的田块，一定要先打药后除草，以免加快幼虫向农作物转移而加重为害。

②挖沟、打药带隔离，阻止幼虫迁移为害。在某些龄期较大的幼虫集中为害的田块，当药剂防治效果不好时，可在该田块四周挖沟或打药带封锁，防止扩散为害。

（3）田间用药：考虑到幼虫通过低龄时间短、大龄幼虫具有暴食为害的特点，药剂防治应在幼虫3龄之前。当幼虫在田间分布不均匀时，一般不宜全田普治，应在认真调查的基础上实行挑治。还要特别注意对田边、地头草地螟幼虫喜食杂草的防治。这样既可减低防治成本，提高防效，又减轻了对环境的污染。当田间幼虫密度大，且分散为害时，应实行农户联防，大面积统治。

（4）药剂选择：选用低毒、击倒力强，且较经济的农药进行防治。如25%辉丰快克乳油2 000～3 000倍液，25%快杀灵乳油亩用量20～30ml，5%来福灵、2.5%功夫2 000～3 000倍液，30%桃小灵2 000倍液，90%晶体敌百虫1 000倍液（高粱上禁用）。防治应在卵孵化始盛期后 10d 左右进行为宜，注意有选择地使用农药，尽可能的保护天敌。

（5）防效调查：防治后需对不同类型防治田进行防效调查。防治田于防后 3d，封锁带、隔离沟于药剂失效开始，检查幼虫密度并与防前同一类型田的虫量对比，计算防效。如幼虫密度仍大于 30 头/m²，则需进行再次防治。

（三）芫菁

芫菁有 3 种，即豆白条芫菁、黄黑花芫菁及黄黑花大芫菁国内广泛分布（图 5 - 9）。主要为害豆类、花生、辣椒，也能为害番茄、马铃薯、茄子、甜菜、蕹菜、苋菜等作物。以成虫为害，主要取食叶片和花瓣，将豆叶吃成缺刻，仅剩叶脉，亦取食豆荚成缺刻，影响产量和品质。

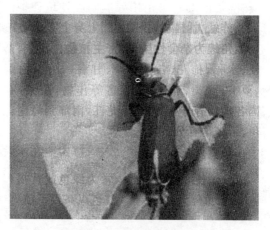

图 5 - 9　马铃薯芫菁

1. 形态特征

豆芫菁均属鞘翅目，芫菁科。豆白条芫菁成虫体长 15 ~ 18mm，黑褐色。头部略呈三角形，赤褐色。前胸背板中央和两个鞘翅上各有一条纵行的黄白色条纹。卵长椭圆形，黄白色，卵块排列成菊花状。幼虫 1 龄为深褐色的三爪蜉，行动活泼；

2～4 龄和 6 龄为蛴螬型；5 龄为无足的伪蛹。裸蛹长约 15mm，黄白色，前胸背板侧缘及后缘各生有较长的刺 9 根。黄黑花芫菁成虫体长约 15mm，前胸背板有显著的纵缝，鞘翅除 3 条呈波状的横带为黑色外，其余均为黄色，故鞘翅上呈黄黑花相间。黄黑花大芫菁，成虫的形状与黄黑花芫菁相似，鞘翅上亦呈黄黑花相间，但体型较大，长 20～28mm，前胸背板纵缝不明显。

2. 生活习性

在东北、华北一年发生一代，在长江流域及长江流域以南每年发生 2 代。均以 5 龄幼虫（伪蛹）在土中越冬，翌春蜕皮发育成 6 龄幼虫，再发育化蛹。一代区幼虫于 6 月中旬化蛹，6 月下旬至 8 月中旬为成虫发生与为害期；二代区成虫于 5—6 月间出现，集中为害早播大豆，而后转害茄子、番茄等蔬菜，第一代成虫于 8 月中旬左右出现，为害大豆，9 月下旬至 10 月上旬转移至蔬菜上为害，发生数量逐渐减少。成虫白天活动，尤以中午最盛，群聚为害，喜食嫩叶、心叶和花。成虫遇惊常迅速逃避或落地藏匿，并从腿节末端分泌含芫菁素的黄色液体，触及皮肤可导致红肿起泡。成虫羽化后 4～5d 开始交配，交配后的雌虫继续取食一段时间，而后在地面挖一 5cm 深、口窄内宽的土穴产卵，卵产于穴底，尖端向下有黏液相连，排成菊花状。然后用土封口离去。成虫寿命在北京为 30～35d，卵期 18～21d，孵化的幼虫从土穴内爬出，行动敏捷，分散寻找蝗虫卵及土蜂巢内幼虫为食，如未遇食，10d 内即死亡，以 4 龄幼虫食量最大，5～6 龄不需取食。

3. 为害特点

豆芫菁为害嫩茎及花瓣，有的还吃豆粒，使其不能结实，对产量影响大。幼虫以蝗卵为食，是蝗虫的天敌。成虫能短距离飞翔，常群集取食，每株马铃薯可集虫十几头，喜食嫩叶、嫩茎，吃光后转移为害，食料缺乏时也可取食老叶。为害轻者，茎叶残缺不全；重者，叶、茎、花全被吃光，仅留老茎秆，遍地布满蓝黑色颗粒状粪便。

4. 防治方法

（1）冬季深翻土地：能使越冬的伪蛹暴露于土表冻死或被天敌吃掉，减少翌年虫源基数。

（2）人工捕杀：利用成虫群集为害的习性，用网捕杀，但应注意勿接触皮肤。

（3）拒避成虫：在成虫发生始期，人工捕捉到一些成虫后，用铁线穿成几串，挂于田间豆类作物周边，可拒避成虫飞来为害。

（4）药剂防治：在成虫发生期选用90%敌百虫晶体1 000倍液喷雾。

（四）剑角蝗

剑角蝗（中华蚱蜢）（图5－10）有夏季型（绿色），秋季型（土黄色有纹）。直翅目，蝗科。别名尖头蚱蜢、括搭板（握住大腿上身上下摆动）。在中国通常叫蚱蜢。比中华负蝗大，细长。

图5－10　马铃薯剑角蝗

剑角蝗为杂食性昆虫，寄主植物广泛，有高粱、小麦、水稻、棉花、各种杂草、甘薯、甘蔗、白菜、甘蓝、萝卜、豆类、茄子、马铃薯等作物、蔬菜、花卉。全国各地均有分布，北至黑龙江，南部到海南，西至四川、云南均有分布。

1. 形态特征

成虫体长 80 ~ 100mm，常为绿色或黄褐色，雄虫体小，雌虫体大，背面有淡红色纵条纹。前胸背板的中隆线、侧隆线及腹缘呈淡红色。前翅绿色或枯草色，沿肘脉域有淡红色条纹，或中脉有暗褐色纵条纹，后翅淡绿色。若虫与成虫近似。卵成块状。

2. 生活习性

各地均为一年一代。成虫产卵于土层内，成块状，外被胶囊。以卵在土层中越冬。若虫（蝗蝻）为 5 龄。成虫善飞，若虫以跳跃扩散为主。

在各类杂草中混生，保持一定湿度和土层疏松的场所，有利于蚱蜢的产卵和卵的孵化。一般常见发生于农田与杂草丛生的沟渠相邻处。

3. 为害特点

成虫及若虫食叶，常将叶片咬成缺刻或孔洞，严重时将叶片吃光。影响作物生长发育，降低农作物商品价值。

4. 防治方法

（1）发生严重地区，在秋、春季铲除田埂、地边 5cm 以上的土及杂草，把卵块暴露在地面晒干或冻死，也可重新加厚地埂，增加盖土厚度，使孵化后的蝗蝻不能出土。

（2）在测报基础上，抓住初孵蝗蝻在田埂、渠堰集中为害双子叶杂草且扩散能力极弱的特点，每亩撒施敌马粉剂 1.5 ~ 2kg，也可用 20% 速灭杀丁乳油 15ml，对水 400kg 喷雾。

（3）保护利用麻雀、青蛙、大寄生蝇等天敌进行生物防治。

（五）块茎蛾

马铃薯块茎蛾（图 5 - 11）又称马铃薯麦蛾、烟潜叶蛾等；

属鳞翅目麦蛾科。国内分布于 14 个省（区），以云、贵、川等省受害较重。主要为害茄科植物，其中以马铃薯、烟草、茄子等受害最重，其次辣椒、番茄。幼虫潜叶蛀食叶肉，严重时嫩茎和叶芽常被害枯死，幼株甚至死亡。在田间和储藏期间幼虫蛀食马铃薯块茎，蛀成弯曲的隧道，严重时吃空整个薯块，外表皱缩并引起腐烂。块茎蛾是国际和国内检疫对象。

图 5 - 11　马铃薯块茎蛾

1. 形态特征

成蛾 8～10mm，翅展 14～16mm，雌成虫体长 5.0～6.2mm，雄体长 5.0～5.6mm。灰褐色，稍带银灰光泽。触角丝状。下唇须 3 节，向上弯曲超过头顶，第一节短小，第二节下方被覆疏松、较宽的鳞片，第三节长度接近第二节，但尖细。前翅狭长，鳞片黄褐色。雌虫翅臀区鳞片黑色如斑纹。雄虫翅臀区无此黑斑，有 4 个黑褐色鳞片组成的斑点；后翅前缘基部具有一束长毛，翅缰一根。雌虫翅缰 3 根。雄虫腹部外表可见 8 节，第七节前缘两侧背方各生一丛黄白色的长毛，毛从尖端向内弯曲。卵椭圆形，微透明，长 0.5mm，初产时乳白色，孵化前变黑褐色。空腹幼虫体乳黄色，为害叶片后呈绿色。末龄幼虫体长 11～13mm，头部棕褐色，每侧各有单眼 6 个，胸节微红，前胸背板及胸足黑褐色，臀板淡黄。腹足趾钩双序环形，臀足趾钩双序弧形。蛹棕色，长 6～7mm，宽 1.2～2.0mm，臀棘短小而尖，向上弯曲，周围有刚毛8根，生殖孔为一细纵缝，雌虫位于第八腹节，雄虫位于第八腹节，雄虫位于第九腹节。蛹茧灰白色，长约10mm。

2. 生活习性

一年发生9~11代。只是有适当食料和温湿条件，冬季仍能正常发育，主要以幼虫在田间残留薯块、残株落叶、挂晒过烟叶的墙壁缝隙及室内储藏薯块中越冬。1月平均气温高于0℃地区，幼虫即能越冬。越冬代成虫于3—4月出现。成虫白天不活动，潜伏于植株叶下，地面或杂草丛内，晚间出来活动，有弱趋光性，雄蛾比雌蛾趋光性强些。成虫飞翔力不强。此代雌蛾如获交配机会，多在田间烟草残株上产卵，如无烟草亦可产在马铃薯块茎芽眼、破皮裂缝及泥土等粗糙不平处。每雌产卵150~200粒，多者达1000多粒。卵期一般7~10d，第一代全期50d左右。

分布于我国西部及南方，以西南地区发生最重。在西南各省年发生6~9代，以幼虫或蛹在枯叶或储藏的块茎内越冬。田间马铃薯以5月及11月受害较严重，室内贮存块茎在7—9月受害严重。成虫夜出，有趋光性。卵产于叶脉处和茎基部，薯块上卵多产在芽眼、破皮、裂缝等处。幼虫孵化后四处爬散，吐丝下垂，随风飘落在邻近植株叶片上潜入叶内为害，在块茎上则从芽眼蛀入。卵期4~20d；幼虫期7~11d；蛹期6~20d。

在中国主要发生在山地和丘陵地区。海拔2000m以上仍有发生，随海拔高度降低为害程度相应减轻，沿海地区未发生。为害田间的烟草、马铃薯及茄科植物，也为害仓储的马铃薯。

3. 为害特点

块茎蛾是世界性重要害虫，也是重要的检疫性害虫之一。最常见寄主为烟草，其次为马铃薯和茄子，也为害番茄、辣椒、曼陀罗、枸杞、龙葵、酸浆等茄科植物。是最重要的马铃薯仓储害虫，广泛分布在温暖、干旱的马铃薯地区。此虫能严重为害田间和仓储的马铃薯。在田间为害茎、叶片、嫩尖和叶芽，被害嫩尖、叶芽往往枯死，幼苗受害严重时会枯死。幼虫可潜食于叶片之内蛀食叶肉，仅留上下表皮，呈半透明状。其田间为害可使产量减产 20% ~ 30%。在马铃薯贮存期为害薯块更为严重，在 4 个月左右的马铃薯储藏期中为害率可达 100%，以幼虫蛀食马铃薯块茎和芽。

4. 防治方法

（1）认真执行检疫制度，不从虫区调进马铃薯。

（2）通过采用适当的农业措施，特别是避免马铃薯和烟草相邻种植，可压低或减免为害。

（3）生物防治：有研究证明，利用斯氏线虫防治马铃薯块茎蛾有良好效果，每只块茎蛾幼虫上的致病体 120 个以上时，3d 内可使该幼虫死亡率达 97.8%，从每蛾幼虫产生的有侵染力线虫的幼虫数最高达 1.3 万 ~ 1.7 万个。

（六）蚜虫

蚜虫俗称腻虫，在各地都有分布，为害马铃薯的蚜虫主要是桃蚜，分类上属同翅目、蚜总科、蚜科。

1. 形态特征

有翅胎生雌蚜和无翅胎生雌蚜为体形细小（长约 2mm）、柔软、呈椭圆形的小虫子，体色多变，以绿色为多，也有黄绿色或樱红色的。

2. 生活习性

其生活史属全周期迁移式，即该虫可营孤雌生殖与两性生殖交替的繁殖方式，并具有季节性的寄主转换习性，可在冬寄主与夏寄主上往返迁移为害。但在温室内及温暖的南方地区，该虫终年营孤雌生殖，且无明显的越冬滞育现象，年发生世代多达 30 代以上。

3. 为害特点

蚜虫群集在植株嫩叶的背面吸汁液，同时排泄出一种黏物，堵塞气孔，造成叶片卷曲，皱缩变形，使顶部幼芽和分枝生长受到影响，严重造成减产。在蚜虫吸汁的过程中，把病毒传给无病植株，在短期内使病毒在田间迅速传播，造成植株发生退化，这种为害造成的损失更为严重。

4. 防治方法

根据蚜虫的习性，选择高海拔的冷凉缓坡地，或多风大风的地方，作为种薯繁殖地，使蚜虫不易繁殖及降落，减少病毒传播机会。种薯地周围200m以内，不能有桃树、油菜、西瓜等开黄花的，蚜虫喜降落，以卵寄主越冬的植物，可有效扼制翌年春季蚜虫的繁殖。种薯地周围500m以内，不能栽培退化的种薯，以避免蚜虫短距离迁飞传播。根据蚜虫迁飞习性，避开蚜虫迁入高峰期，采取早播早收或迟播迟收，减轻蚜虫传毒。铲除田间、地边杂草，有助于切断蚜虫中间寄主和栖息场所，消灭部分蚜虫。

药剂防治：田间管理中，苗出齐后，根据实地情况，选用两种以上药剂，如乐果、灭蚜威、来福灵、敌杀死等，按茎、叶背、叶面的顺序交替喷施，每隔7~10d喷施1次。

三、马铃薯化控技术

化控剂的使用主要是针对有机质含量高的地块或水肥条件特别好的地块，遇到高温或寡照的天气会造成植株过于高大，远远超过了正常的株高，即俗称"徒长""光长秧子不结豆"。一般使用多效唑或矮壮素来控制植株徒长，以减少茎叶的养分消耗，促进光合产物向块茎运输积累。也可以使用马铃薯膨大素。下面重点介绍多效唑和膨大素的一些使用方法及注意事项。

（一）多效唑

1. 应用效果

多效唑又名PP333，是一种三环唑类植物生长延缓剂。能够抑制植物体内赤霉素的合成，延缓植物细胞的分裂和扩大，从而抑制茎秆的伸长，使茎秆粗壮、节间缩短，株高变矮，植株的徒长受到控制，减少了地上部茎叶养分的无为消耗，同时，使叶片加厚，叶色深绿，促进光合产物的形成并向地下部运输积累，从而提高产量和大中薯率，一般增产 10% ~ 15%，淀粉含量也有一定程度的提高。

2. 应用时期和使用方法

多效唑应用时期是否得当对使用效果影响很大，喷施过早，植株矮小，光合面积减少，光合产物积累量下降，因而块茎产量低；而喷施过晚，易产生徒长，致使营养物质在茎叶上消耗过多，也会造成减产。因此，要正确选择应用时间。多选择在现蕾末期至开花初期进行。一般在马铃薯植株高度达到品种本身正常株高（东农 303 平均为 55cm；克新 13 号和克新 18 号平均为 60cm）时，即可喷施。多效唑通常是 15% 含量的可湿性粉剂，喷施浓度以 60 ~ 90mg/L 为宜，在此范围内，随着喷施浓度的提高，植株矮化的效果越好。对于一般程度的徒长，用 60mg/L 的喷施浓度即可起到控制植株徒长的作用，而对于徒长趋势严重的植株，在采用大浓度喷施后，仍有旺长趋势的，可于喷药相隔一周后再喷施 1 次。

3. 注意事项

（1）选择合适的时间施用：喷施多效唑的时间最好选择在晴天上午露水消失或者 14 时以后，否则会影响施用效果。如喷药 6h 内遇雨，需补喷 1 次。

（2）不在早熟品种中应用：对于本身株高就较矮中早熟品种，使用后会抑制营养生长，造成减产。

（二）膨大素

1. 应用范围及作用机理

膨大素是一种植物生长调节剂的复配剂，是在多效唑、矮壮素等植物生长延缓剂的基础上加入了一些营养元素，在控制植物徒长的同时，还能为植物生长发育提供一些营养物质，从而提高茎叶中的叶绿素含量和光合强度，促进光合产物向块茎转移，进而提高产量。

2. 施用时期和方法

应用时期与方法同多效唑基本一致。一般使用前先将膨大素放入少量酒精中溶解，再稀释至所需浓度。

3. 使用膨大素的一些注意事项

（1）目前市场上出售的膨大素种类较多，品牌各异，喷施浓度各不相同，使用时按照说明书介绍的浓度配制。

（2）要在适合的品种中使用：有些品种如克新 12 号，使用膨大素易使块茎产生变形，影响其商品性，所以在使用前最好先进行少量试验，确定无影响后，再大面积推广使用。

（3）最好不用于拌种薯块：因为有些膨大素用于拌种后，易使马铃薯产生纤细茎植株，影响产量。

第六章 干物质积累期管理

第一节 干物质积累期生长发育特点

当开花结实接近结束，茎叶生长渐趋缓慢或停止，植株下部叶片开始衰老、变黄和枯萎便进入了淀粉积累期。此期地上茎叶中储藏的养分继续向块茎中输送，块茎的体积基本不再增大，但重量继续增加。成熟期的特点是以淀粉的积累为主。蛋白质、灰分元素也相应增加，而糖分和纤维素则逐渐减少。淀粉的积累一直可继续到茎萎为止。此期应注意防止土壤湿度过大，以免引起烂苗，同时，适当增施磷、钾肥，可以加快同化物质向块茎运转，增强抗病能力和块茎的耐贮性，防止茎叶早衰或徒长。

当茎叶全部枯萎时，即达到成熟期，块茎不再增重，并逐渐转入休眠期。所谓休眠，就是指刚收获的块茎在良好的条件下，也不能在短期内发芽，必须经过一段时期才能发芽，这段时期叫做块茎的休眠期。休眠的原因主要是因为块茎成熟过程中，表皮中有一层很致密的拴皮组织细胞，阻止了空气中的氧气进入块茎内部，呼吸作用、生理代谢作用微弱。块茎芽不能获得所需要的营养物质和氧气的供应，即使给其发芽条件，块茎芽根也不发芽。休眠期的长短，随品种而异，短的1月左右，长的可达半年，这是由品种的遗传特性所决定的。另外，储藏温度也是影响块茎休眠期长短的重要因素。适宜的储藏温度是多数品种可保持长期不发芽，高温可显著缩短块茎的休眠期。还可利用其他的方法延长或缩短块茎的休眠期。例如，要延长休眠期，抑制发芽，可采用以下方法：一是涂乙酸甲菌处理块茎，每吨块茎用药40～100kg于发芽前半月处理。二是用Y射线照射块茎，剂量为 7 500 ~ 8 000伦琴。三是三藏硝基苯或四氯硝基苯处理块茎。延长块茎休眠期，抑制发芽，可以均衡供应市场和长期加工。如要打破休眠，可采用以下方法：用 0.5 ~ 1mg/kg 的赤霉素（九二〇）浸泡茎块 10 ~ 15min；用 0.5% ~ 1%的硫酸溶液浸泡茎块 4h；用 0.01%的高锰酸钾溶液泡菌块 36h；将种留切块或擦破周皮。

第二节　肥水管理

一、马铃薯在干物质期对养分的需求特点

马铃薯整个生育期间，各生育期吸收氮（N）、磷（P_2O_5）、钾（K_2O）三要素，按占总吸肥量的百分数计算，干物质期为 56%、58% 和 55%。三要素中马铃薯对钾的吸收量最多，其次是氮，磷最少。试验表明，每生产 1 000kg 块茎，需吸收氮（N）5 ~ 6kg、磷（P_2O_5）1 ~ 3kg、钾（K_2O）12 ~ 13kg，氮、磷、钾比例为 2.5∶1∶5.3。马铃薯对氮、磷、钾肥的需要量随茎叶和块茎的不断增长而增加。在块茎形成盛期需肥量约占总需肥量的 60%，生长初期与末期约各需总需肥量的 20%。

二、营养元素在马铃薯生长中的作用

（一）氮素

作物产量来源于光合作用，施用氮素能促进植株生长，增大叶面积，从而提高叶绿素含量，增强光合作用强度，从而提高马铃薯产量。氮素过多，则茎叶徒长，熟期延长，只长秧苗不结薯；氮素缺乏，植株矮小，叶面积减少，严重影响产量。

（二）磷素

磷可加强块茎中干物质和淀粉积累，提高块茎中淀粉含量和耐贮性。增施磷肥，可增强氮的增产效应，促进根系生长，提高抗寒抗旱能力。磷素缺乏，则植株矮小，叶面发皱，碳素

同化作用降低，淀粉积累减少。

（三）钾素

钾可加强植株体内的代谢过程，增强光合作用强度，延缓叶片衰老。增施钾肥，可促进植株体内蛋白质、淀粉、纤维素及糖类的合成，使茎秆增粗、抗倒，并能增强植株抗寒性。缺钾植株节间缩短，叶面积缩小，叶片失绿、枯死。

（四）微量元素

锰、硼、锌、钼等微量元素具有加速马铃薯植株发育、延迟病害出现、改进块茎品质和提高干物质耐贮性的作用。

三、水分的管理

在马铃薯干物质积累期需要大量干物质积累，需要适量的水分，保持叶片的寿命。此时期的需水量占生育期总水量的10%。

第七章　收获与储藏

第一节　适时收获与田间测产

一、确定马铃薯收获期

根据生长情况、块茎用途与市场需求及时采收。马铃薯与小麦、玉米等作物不同，不需要等到完全生理成熟，才能收获。马铃薯的收获期有很大的伸缩性，只要块茎生长到一定程度，随时都可收获。

对一般的商品薯来说，马铃薯成熟期的产量虽高，但产值不一定最高。市场的规律是以少为贵，早收获的马铃薯往往价格较高；就同一个品种来说，晚收获的产量高，一般马铃薯块茎膨大期，每天每公顷要增加产量 600~750kg。因此，收获时期根据市场的价格，衡量早收获 10d 的产值是否高于晚收获 10d 产量增加的产值，以确定效益最高的收获期。

加工对马铃薯品种成熟度的要求较高，就同一品种比较，马铃薯生理成熟时的产量最高、干物质含量最高、还原糖含量最低，加工企业对原料薯要求块茎正常生理成熟，才能收获。马铃薯生理成熟的标志是叶色由绿转为黄绿色；植株的根系衰败，植株很容易从土中拔出；块茎容易与相连的葡匐茎脱离；块茎大小、色泽正常，表皮木栓化，表皮不易脱落。

在许多马铃薯主产区，雨季多集中在 7 月至 8 月上中旬，一旦晚疫病发生、流行，很难防治。因此，可根据天气预报，进行早杀秧，虽然对产量有一些影响，但却减少了块茎感染晚疫病和腐烂的概率，实际上起到了稳产、保品质的作用。

二、促使块茎薯皮木栓化

块茎薯皮木栓化是安全储藏的必要条件。如薯皮幼嫩，容易破皮或受伤，病菌易于侵入，入窖后，一旦湿度大，则引起腐烂，并扩大蔓延。收获前进行压秧、灭秧可促使薯皮木栓化，但灭秧的时间，应根据栽培目的确定。种薯生产，可在马铃薯植株尚未枯黄时进行灭秧，这样可控制块茎不过大；商品薯生产，特别是为加工油炸薯片、加工淀粉生产的原料薯，则需要植株完全成熟时灭秧。收获前压秧或灭秧促使薯皮木栓化，可采用的方法有：收获前 10~15d，用机引或牲畜牵引的木辊子将马铃薯植株压倒在地，植株则停止生长，植株中的养分尽快转入块茎，并可促使薯皮木栓化；割秧，收获前 10d，用灭生性除草剂如克无踪等喷洒植株灭秧，地下块茎则停止生长，促进薯皮木栓化；适当晚收，当薯秧被霜害冻死后，不要立即收获，根据天气情况，延长 10d 左右，薯皮木栓化后再收获。

三、马铃薯收获要点

马铃薯的收获方法因种植规模、机械化水平、土地状况和经济条件而不同。不管用人工还是机械收获，收获的顺序一般为除秧、挖掘、拣薯装袋、运输、预储等。收获时应注意以下事项。

(1) 晴天收获：选择晴朗天气收获，在收获的各个环节中，尽量减少块茎的破损率。

(2) 收获要彻底：避免大量块茎遗留在土壤中，当用机械或畜力收获后，应复收复拣。

(3) 先收种薯，后收商品薯：不同品种、不同级别的种薯，不同品种的商品薯都要分别收获，分别运输，单存单放，严防混杂。

(4) 注意避光：鲜食用的商品薯或加工用的原料薯，在收获和运输等过程中应注意遮光，避免长期暴露在光下薯皮变绿、品质变劣。

四、脱毒种薯田田间测产

(一) 田间测产时期

田间考察的目的是发现问题, 避免问题种薯进入生产。因此, 考察时间宜选在田间问题最容易暴露的时期, 这样方能全面发现问题。原则上田间考察应进行 2~3 次, 分别为苗期、开花期和块茎膨大盛期。如果只考察一次, 则以块茎膨大盛期为好, 因为这时植株的一些问题基本上都能暴露出来, 很容易鉴别种薯质量的好坏。

(二) 田间考察内容的确定

进行种薯田考察, 首先必须明确都需要考察哪些方面的内容, 然后按次序观察, 这样方能保证获得满意的考察结果, 从而综合判断该种薯田的种薯质量的优劣。考察内容如下。

1. 田间植株的整齐度

通过观察田间植株的整齐度, 可以大体判断该种薯田是否存在植株退化现象、出苗时间是否一致等。如果有退化植株存在, 则因其生长矮小, 田间易出现高矮不齐的现象。

2. 是否有缺苗现象

田间缺苗的原因有机械播种时漏播、切块时薯块上没有芽眼、种薯带病致使播种后发生腐烂、地下害虫为害。在田间考察时, 要通过观察和了解确定是因哪种因素而引起缺苗。

3. 田间卫生状况

田间卫生状况主要指田间及周围杂草的清除情况。如果杂草丛生, 一方面说明该种薯田的田间管理松懈; 另一方面杂草可为病虫滋生提供条件, 从而增加种薯感染各种病害的机会。田间植株生长不良也会为杂草蔓延创造条件。

4. 观察繁殖条件是否适合

(1) 土壤条件: 土壤条件包括土壤质地、肥力情况。在沙砾过多的土壤上繁殖种薯，一方面由于环境条件差，影响种薯自身的发育状况（种薯生长发育不良会影响种性质量的好坏）；另一方面在收获时容易擦伤块茎，为病菌侵染提供条件。

（2）肥水供应情况：在种薯生产中并不是肥水越多越好，在大肥大水的条件下植株容易徒长，造成田间通风透光性差，为病害的发生提供了条件，同时延迟块茎成熟，不利于早灭秧和块茎表皮的老化。在种薯生产中要求营养元素均衡供应，哪种元素都不能少，否则将影响种薯的内在质量。

（3）气候条件：高温干燥的气候条件不适合繁殖马铃薯种薯，因为这样的条件既有利于蚜虫活动，也有利于病毒在植株体内繁殖和侵害，其结果是种薯退化速度加快。

（4）氮肥是否过量：氮肥过多易引起植株徒长，造成田间通风透光性差，为各种病害的侵染与蔓延创造了条件，导致块茎干物质含量下降、植株贪青晚熟不利于薯皮老化、掩盖病毒症状等。

（5）是否有杂株：杂株是指除本品种以外的其他品种的植株。鉴别杂株的方法是观察花冠颜色、叶片颜色、茎的颜色等。

5. 是否有退化现象

主要指病毒性退化，病毒性退化的症状包括卷叶、花叶、重花叶、皱缩花叶、黄化、植株矮小等。观察花叶的方法是遮住阳光，看叶片上是否有黄（浅黄）绿相间的斑点。

6. 是否有其他病害

其他病害包括真菌性病害、细菌性病害、土传病害等。很多病害是通过种薯传播的，凡是发病严重的地块，都不适合作种薯田。

第二节　收获机械的使用与维护

马铃薯收获是一项非常繁重的工作，对其产量和质量都有很大的影响。国外欧美等地区的马铃薯收获机已经实现了机械化与自动化的结合，它们将液压、电子、传感器等技术应用于机器当中。能够一次性完成挖掘、清选、输送等工作。只需要个别劳动力进行辅助工作，大大地减轻了劳动者的工作强度。我国马铃薯的收获过程基本上还是传统的人工割秧、镐头刨薯、人工捡拾。人工收获不仅生产效率低，而且损伤、丢失严重，劳动强度大，生产成本高。利用马铃薯收获机将马铃薯从地下起运、筛土，最后将马铃薯裸露在地表之上，达到快收、省力、挖得净、不破皮的效果，可提高工效 20 倍以上。但国内的马铃薯收获机还处在起步和发展阶段，马铃薯收获机结构简单，只是完成简单的挖掘，条铺工作，然后通过人工捡拾完成收获工作。目前，国内马铃薯联合收获机械研究还比较少，与国外先进的联合收获机械还有很大的差距。而且在国内外将马铃薯直接进行挖掘、分离、清选、分级的联合收获机很少。因此，实现马铃薯收获作业机械化对于提高劳动生产率、减轻劳动强度、降低收获损失、以确保丰产丰收具有极其重要的意义。

一、马铃薯收获的农业技术要求、工艺及机械类型

（一）马铃薯收获的农业技术要求

1. 马铃薯机械收获作业的技术要求

（1）及时收获：马铃薯块茎成熟的标志是植株茎叶大部分由绿转黄，并逐渐枯萎，匍匐茎干缩，易与块茎分离，块茎表面形成较厚的木栓层，块茎停止增重，但在气候太热，不能进一步生长或为保种薯质量，在茎叶未转黄时也能收获。生长期较长的晚熟品种，霜期来临时茎叶仍为绿色，霜后要及时收获。没有正常成熟的，即茎叶作为绿色的块茎表皮很薄，收获时容易损伤。

（2）收获前要割秧：除去茎叶的马铃薯成熟得比较快，它的外皮变硬，水分减少，可减少收获时的损伤，同时，也可减少收获机作业过程中易出现的缠绕、壅土和分离不清等现象，以利于机械化收获。

（3）马铃薯收获机械：在收获过程中应尽可能减少块茎的丢失和损伤，同时使土壤、薯块杂草、石块彻底分离，在地面上成条铺放，以利于人工捡拾。

（4）确定合适的挖掘深度：掘起的泥土量最少而又没有过多的伤薯和漏挖现象，即减小作业阻力，挖掘深度一般为 10 ~ 20cm，垄作轻质的土壤应深些，平作硬质的土壤应浅些，同时还要考虑主机的配套功率。

（5）质量要求：一是减少对块茎的损伤，包括皮伤、切割、擦伤和破裂，要求允许轻度损伤小于产量的 6%，严重损伤小于 3%；二是避免直射阳光的高温引起的日烧病和黑心病，块茎挖掘到地面后应及时捡拾；三是块茎和土壤分离好，在易抖落的土壤里，块茎的含杂率不能超过 10%；四是收获干净，丢失率≤5%。

2. 马铃薯机械收获作业的技术规范

（1）用户在使用前，应仔细阅读《使用说明书》，能否正确挂接、调整和使用，是提高生产率，保证作业质量，延长机器使用寿命的关键。

（2）安装万向节，注意中间两支夹叉开口必须处于同一平面内。

（3）机器挂接好后，悬挂到地头、对准垄、放平机器，调节挖掘铲入土深度到马铃薯下 5cm 左右，开始挖掘作业。

（4）作业时，液压分配器手柄应放在浮动位置，作业中要保持机组有稳定的前进速度，切忌忽快忽慢，或猛轰油门。

（5）作业时，发现异常情况，要停车检查，检查时，要切断动力，以免伤人。

（6）为了提高工作效率，在地头转弯时，提升机器不宜过高，离地 10cm 即可，从而避免机具提升过高必须切断动力的情况。

（7）拖拉机动力输出轴的最高转速不能超过 540r/min，否则将损坏机器。

（8）在提升挖掘机转入运输状态时，一定要先切断动力，然后再提升。

（9）挖掘机提升离地后，不得猛轰油门，以防转速过高，损坏机器。

（二）马铃薯收获的工艺和机械类型

马铃薯收获的工艺过程包括切茎、挖掘、分离、捡拾、分级和装运等工序。按照完成的工艺过程，马铃薯收获机大致可以分成马铃薯挖掘机和马铃薯联合收获机两种。

1. 按动力分

马铃薯挖掘机有机动和畜力两种，可完成挖掘和初步分离，用人工捡拾和分级装运。如图 7－1 所示。

图 7－1　早期畜力牵引的马铃薯挖掘极

2. 按挖掘形式分

（1）抛掷轮式：挖掘机掘起的土垡在抛掷轮拔齿的作用下，被抛到机器一侧，并散落在地表，为了避免抛的分散而不便捡拾，挖掘机在工作时带有挡帘，如图 7－2 所示。这种挖掘机结构简单，重量轻，不易堵塞工作部件，适合在土壤潮湿黏重、多石和杂草茂盛的地上作业，缺点是埋薯多，拔齿对薯块的损伤较大，现在已逐步淘汰。

图7-2　LK20抛掷轮式马铃薯收获机

（2）升运链式：其分离部件为杆条式升运器。工作时挖掘铲将薯块同土壤一起铲起，送到杆条式升运器，在一边抖动一边输送的过程中，把大部分泥土从杆条间筛下，薯块在机器后部铺放成条，为了便于捡拾和装运，升运筛后部固定一个可调的集条挡板，有的还装有横向集条输送器，如图7-3所示。升运链式挖掘机适宜在沙土和壤土地上作业。其特点是：工作稳定可靠，但机具较重。

图7-3　MZPH-820型单行马铃薯收获机

（3）振动式：是通过曲柄连杆机构摆动栅条分离筛进行薯块与土壤的分离，由于工作部件振动，可在一定条件下产生较大的瞬时力，从而增强了碎土性能，强化了分选效果。如图7-4为孟加拉国生产的马铃薯挖掘机，图7-5为意大利思培多农业设备公司生产的侧式土豆挖掘机，都属于这种类型。

图7-4 孟加拉国生产的马铃薯挖掘机

图7-5 意大利生产的侧式土豆挖掘机

3. 按收获方式分

（1）挖掘型：属手扶拖拉机或小四轮拖拉机配挂的简易挖掘机（铲）。主要部件只有挖掘铲。作业时需人工扒土清选、捡拾。特点：结构简单，整机成本低，但明薯率低，损失率高，生产率低，作业效果差。

（2）挖掘分离型：属手扶拖拉机或四轮拖拉机悬挂或牵引的马铃薯收获机。主要由悬挂或牵引连接装置、机架总成、挖掘、输送分离装置等部件组成。能一次完成挖掘、输送、清选、铺条等项作业。特点：明薯率高、损失率低、作业效果好。基本适应马铃薯种植的农艺要求。

（3）联合收获型：主要由牵引悬挂连接装置、机架总成、挖掘部件、输送、分离、清选、提升、卸料装置等部分组成。能一次完成挖掘、输送、清选、提运、装卸等项作业。特点：技术含量高、机械化作业程度高、损失率低、作业效果好，适应大面积种植马铃薯的收获作业。如图 7 - 6 所示。

图 7 - 6　现代农装生产的 1650 型带臂式马铃薯联合收获机

按动力配套型式分为自走式和牵引式两种。

自走式该代表机型有美国 Loganfarm Equipment COLTD 生产的 W9032、W9034、W9038 等 4 行收获机，如图 7 - 7 所示。特点是行走轮上安装有计算机导航系统，可根据 GPS 地理信息系统进行定位；另外还有德国 Grimme 公司生产的两行自走式马铃薯收获机，如图 7-8 所示。主要特点是机器自身设计有收集装置，无需人工捡拾，节省了劳动力。机器有分选台，马铃薯块茎在收获同时被分级，减少后续作业流程。

图 7-7　美国四行自走式收获机

图 7-8　德国自走式联合收获机

牵引式这种马铃薯收获机按输出方式分为侧输出和后输出两种。侧输出代表机型有美国 4 行牵引式马铃薯联合收获机和德国 Grimme 公司生产的 GZ DLI 型马铃薯收获机，如图 7-9 所示。GZ DLI 型马铃薯收获机具有小型、联合等特点，自身有升运装置，可将马铃薯收集在同步行走的运输车内；Double L 公司及 LookWood 公司的 LL-815 型联合收获机，在自动化控制、薯块分离以及减少薯块损伤等方面都有独到之处，但没有升运装置，仍需人工捡拾。后输出代表机型有德国 Grimme 公司生产

RL-1700型马铃薯收获机，如图7-10所示，与LL-815型收获机相似，同样需人工捡拾。

图7-9　美国两行侧输出式收获机

图7-10　德国两行后输出式收获机

二、马铃薯挖掘机的组成及工作原理

（一）马铃薯挖掘机的组成

应用中的大中型马铃薯收获机均采用杆条链作为土薯分离输运装置，然而对于小型马铃薯收获机，目前我国除了杆条链式之外，还存在摆动筛式和转笼式结构的机型，但后两者在实际应用中所占份额较小。杆条链式马铃薯挖掘机的结构如图7-11所示，由挖掘铲组件、分离装置、纵向集条栅、传动装置和机架等部件构成；可一次完成挖掘、分离及集条铺放作业。

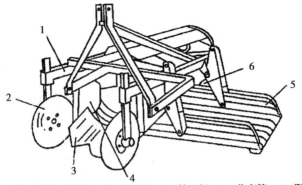

1—机架；2—切土（蔓）圆盘刀；3—挖掘铲；4—挡土板；5—分离筛；6—限深轮

图7-11 4SW-40型马铃薯挖掘机

1. 机架

机架是连接马铃薯收获机各机构的基础部件，是用来承载各部件的载体，一般也将牵引机构安装于机架上。

机架多采用60mm×40mm的矩形管、钢板和螺栓焊接而成，主要由挂接板、减速器固定座、挖掘铲固定臂安装螺栓、分离轮固定臂安装螺栓、支撑行走轮安装套筒组成，其结构如图7-12所示。

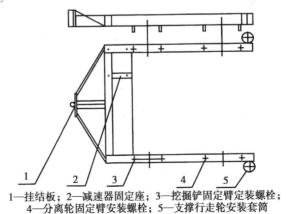

1—挂结板；2—减速器固定座；3—挖掘铲固定臂定装螺栓；
4—分离轮固定臂安装螺栓；5—支撑行走轮安装套筒

图7-12 机架结构示意图

2. 挖掘铲

挖掘铲是马铃薯收获机的重要部件，要求挖掘马铃薯要干净利落，同时尽可能少地从行间挖起过多的土壤。其几何形状、尺寸及安装角度对机具阻力影响很大。

马铃薯挖掘铲的功用在于掘出薯块，并将它输送给分离装置。挖掘铲工作时既要保证掘出土层中的所有薯块，又要尽量减少进入机器的泥土量和降低能量消耗，同时还要防止挖掘铲上缠草和壅土，并能顺利地把掘起物输送到分离装置。在不同土壤条件（土质、湿度、温度等）下，圆满完成挖掘任务并达到各项要求非常困难。

根据机具工作时挖掘铲的运动情况，马铃薯挖掘铲分为固定式、回转式、往复式和振动式。根据工作幅宽或铲片不同可分为单铲、多铲和双铲。根据铲面形状又分为平铲（三角铲、条形铲）、凹面铲、槽形铲等，如图 7-13 所示。

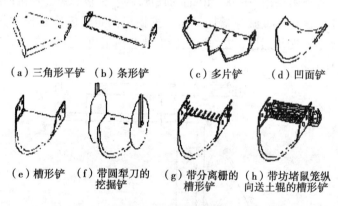

（a）三角形平铲　（b）条形铲　　　（c）多片铲　　（d）凹面铲

（e）槽形铲　（f）带圆犁刀的　　（g）带分离栅的　（h）带坊堵鼠笼纵
　　　　　　　　挖掘铲　　　　　槽形铲　　　　向送土辊的槽形铲

图 7-13　挖掘铲的形式

固定式三角平面挖掘铲结构比振动式挖掘铲和主动圆盘挖掘部件结构简单，制造方便，不需要动力传动。其缺点是容易产生壅土现象。壅土现象产生的原因：土壤板结，有大土块、大石块和杂草缠绕。

振动式挖掘铲具有较高的碎土性能和筛分性能，可减少分离部件的负荷20%～40%，明显提高生产率和作业质量。但在工作时需要动力，功率消耗大，机器运转不平稳。如图7－14所示。

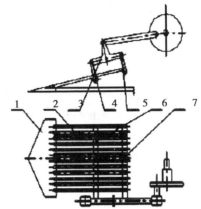

1—挖掘铲；2—键式振动筛；3—连杆；4和5—吊杆；6和7—横向键

图7－14　振动式挖掘铲

组合式挖掘铲是对传统平面三角形铲的改型，由二阶平面铲和指状延伸铲构成的组合挖掘铲，使土垡呈蜿蜒动态流动，综合解决了减阻、壅土和近于平沟底挖掘的问题，但是结构复杂，容易产生壅堵现象。如图7－15所示。

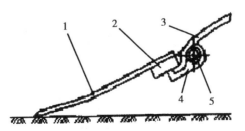

1—二阶平面镜；2—固定板；
3—指状延伸铲；4—联结耳；5—心轴

图7－15　组合式挖掘铲

栅条式马铃薯挖掘铲其结构如图 7 - 16 所示。简化了挖掘铲组件的结构，使土垡在铲面输送顺利，减小了机具阻力，提高了碎土性能，同时减少了进入分离装置的土壤量。它主要由安装轴和栅条等组成。

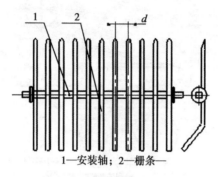

1—安装轴；2—栅条—

图 7 - 16　栅条式挖掘铲

3. 动力传动系统

如图 7 - 17 所示，拖拉机动力输出轴将动力经链条传给马铃薯挖掘机变速箱的输入轴，变速箱经过一对直齿圆柱齿轮改变了动力的旋转方向和转速后，将动力经过链条传给分离轮轴使其转动，在转动过程中分离弹指撕裂土垡，将薯块从土垡中拨出来。

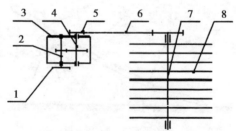

1—输入链轮；2—输入轴；3—减速箱；4—输出轴；
5—输出链轮；6—链条；7—分离轮轴；8—分离轮弹指

图 7 - 17　动力传动

4. 分离装置

在马铃薯挖掘机上采用的分离装置种类较多。一般马铃薯挖掘机分离装置包括输送分离器和一些专用分离器，输送分离器主要作用是将马铃薯块茎从掘起物的土壤中分离出来，并将块茎及部分土壤输送到一定位置。常用形式有抖动链式、摆动筛式、分离轮式等。

抖动链式输送分离器结构如图7-18所示。它由抖动链、抖动轮及主、从动链轮组成。抖动链式输送分离器是利用薯块和夹杂物的几何尺寸不同而进行分离的。夹杂物、土块和小石子等从抖动链的杆条中漏下，薯块和大杂物等则送至后续分离器上。抖动轮是被动的，由抖动输送链带动，用来强化分离能力，有椭圆形、半椭圆形和三角形等几种，数量为一个或两个不等。近年来一些机器采用的强制式抖动机构，由曲柄直接驱动，改变曲柄的转速和半径能改变抖动频率和振幅。但抖动链式输送分离器磨损快、金属用量大、体积大。

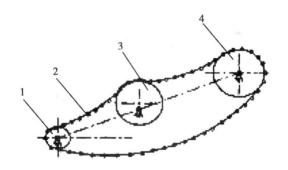

1—从动链轮；2—抖动链；
3—抖动轮；4—主动链轮

图7-18　抖动链式输送分离器

摆动筛机构如图7-19所示。筛式又可分摆动和振动两种，前者由两摇杆悬吊，曲柄连杆机构驱动；后者两端由弹簧支承，由振动源激振，以前者应用较多。筛子多为长孔，由纵横杆条构成。纵向两杆间隙为 25 ~ 35cm。一般振动筛式的分离能力比抖动链强，但易堵塞，机架强度要求高。圆筒筛常用来作后续的分离输送器。它通常配置在抖动链式或筛式分离器之后，在筛的内表面装有叶片，在分离的同时提升薯块。这种结构使用可靠性好，能量消耗少，并且没有不平衡的惯性力，但分离能力差，金属用量大，当在潮湿的土壤里作业时容易堵塞。

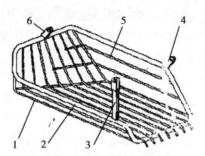

1—底筛条；2—筛框；3—左前吊耳；
4—左后吊耳；5—侧筛条；6—右吊耳

图 7 – 19　摆动筛机构

分离轮式薯土分离器组成如图 7 – 20 所示，它主要由主轴、支撑圆环、分离弹指、弹性橡胶套等组成。在作业时，分离轮式薯土分离器经减速器通过链条带动做旋转运动，分离弹指在

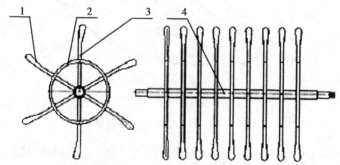

1—弹性橡胶套；2—支撑圆环；3—分离弹指；4—主轴

图 7 – 20　分离轮式薯土分离器结构图

工作时将挖掘铲输送过来的掘起物进一步撕裂，从中拨出薯块，提高了薯土分离效率；通过支撑圆环与纵向集条栅的交错结合在薯土分离的同时能提升薯块到一定的高度；弹指上的弹性橡胶套，减少了薯块的碰撞损伤。

（二）马铃薯挖掘机的工作原理

机组作业时，栅条式挖掘铲将薯垄掘起，薯和土块一起沿栅条铲面向上向后滑移，在栅条作用下土块断裂破碎，直径小于栅条间隙的土块和马铃薯从栅条之间漏下，进行了一次分离；经过一次分离的薯和土块从栅条式挖掘铲后端滑落在分离轮上，与分离轮上弹指碰撞后被弹指拨送到纵向集条栅上，通过了第二次分离（也是最主要的分离过程，在这个过程中土块通过与弹指碰撞、被弹指拨动进一步撕裂破碎，直径小于分离轮弹指间隙的土块漏下）；其余薯和土块沿纵向集条栅向后滑动破碎使其进一步分离，最后薯与大土块成条铺放在松软垄面上。通过挖掘铲角度调节机构，可以调节马铃薯挖掘机的入土角；改变支撑轮相对于机架的位置可以调整马铃薯挖掘机的挖掘深度；通过分离轮调整装置，可改变分离轮与栅条式挖掘铲各纵向集条栅的相对位置，以提高马铃薯挖掘机的分离性能和减少伤薯率。马铃薯收获机和拖拉机牵引呈刚性联结，分离轮动力由拖拉机动力输出轴经减速机输入，采用链条传动。

三、马铃薯收获机的使用及调整

（一）马铃薯收获机使用前的准备工作

（1）将马铃薯收获机悬挂在拖拉机后面，使拖拉机的牵引中心线与机具的阻力中心线基本重合，挂接找正后，将左右悬挂臂的限位链拉紧，防止机具在运行中左右摆动。

（2）用万向节将拖拉机的后输出轴与收获机的动力输入轴连接，用手转动万向节，检查连接件是否可靠，旋转方向是否正确。

（3）机具空运转，检查各传动部件转动是否均匀流畅，不能有卡住、异声等不正常现象。

（4）机具下地前，调节好限深轮的限深高度，将挖掘深度调节在收获农艺要求适宜范围。

（二）马铃薯收获机使用时的注意事项

（1）行走时，拖拉机行走速度应控制在合适的范围，随时注意观察机具的运转情况，发现有异常现象，应立即停车，对机具进行调整。

（2）挖掘时，限深轮应走在要收获马铃薯秧的外侧，确保挖掘铲能把马铃薯挖起，不能有挖偏现象，否则会有较多的马铃薯损失。

（3）收获中发现振动分离筛工作不正常时，应立即停车，排除故障。

（4）作业到地头后，停机清除振动分离筛上缠绕的薯秧、杂草和挖掘铲上的泥土。

（5）使用后，将机具停放在地面上，及时对机具进行检查维护，并在各润滑点加注润滑油保养，放入机棚妥善保管。

（三）马铃薯收获机重要部件的调整

（1）挖掘铲入土角调整：改变挖掘铲两端固定螺钉的位置，可以改变入土角度，获得更好的收获效果。

（2）挖掘深度调整：调整左右两个限深轮高低，即可改变挖掘深度，此调整可结合调整拖拉机悬挂机构的中央拉杆及左右提升拉杆来进行。

（3）振动分离筛转动速度调整：调换带动振动分离筛的主动皮带轮和被动皮带轮，可改变振动筛的转动速度。

（4）传动皮带松紧度调整：改变张紧轮的位置，即可改变传动皮带松紧度。

第三节　储藏要求及管理

一、提高块茎的耐储性

块茎的耐储性关系到储藏的效果和损耗率。块茎的耐储性除与品种特性有关，与栽培的田间管理也有很大的关系，要保证储藏质量，首先要搞好马铃薯的栽培和田间管理。

1. 避免使用过多氮肥

氮肥用量过多，导致茎叶徒长，块茎水分高、干物质积累少，不耐储藏。为解决这个问题，应用氮磷钾复合肥或配方施肥，使茎叶生长与块茎膨大相互协调，增加块茎干物质含量，增强耐储性。

2. 加强病虫草鼠害防治

带病块茎或烂薯入窖储藏是最大的隐患。因此，加强病虫草鼠害防治，对保证入窖马铃薯质量是非常重要的，如及时防治晚疫病，可降低病薯的感染率和腐烂率。入窖前严格淘汰病、烂薯，减少窖藏损失。

二、马铃薯块茎的储藏特点与预储

马铃薯的储藏不同于其他粮食作物，马铃薯要求的储藏条件更为严格。马铃薯的储藏分为种薯、商品薯、加工原料薯的储藏。不同目的的储藏都很重要，种薯安全储藏是为了下季的马铃薯生产；商品薯的安全储藏可保证马铃薯市场的均衡供应；原料薯的安全储藏可延长企业的加工时间，提高企业效益。

马铃薯的块茎是鲜活多汁器官，含有 75% ~ 80% 的水分，在储藏过程中极易遭受病菌的侵染而发生腐烂。马铃薯对储藏条件比谷类作物要求严格。温度高了容易使块茎伤热出芽；温度低了，块茎容易发生冻害；湿度过大，增加块茎腐烂率；湿度过小，则增加块茎水分损耗。因此，马铃薯要达到安全储藏，则要通过调节、控制窖内适宜的温、湿度，搞好通风换气，防止块茎的腐烂、发芽和病害的发生、蔓延，防止储藏块茎非正常失水、伤热。应尽量减少储藏期间块茎中养分的损耗，以保持马铃薯的种用或食用的优良品质。

新收获的马铃薯，呼吸强度非常旺盛，块茎散发出大量热量，如立即下窖储藏，薯堆内温度过高，造成烂薯，增加损耗。新收获的块茎，要放在通风较好、温度 15～20℃ 的库房中，经过 10～15d 的预储，在块茎表皮木栓化，损伤的伤口愈合，呼吸强度转为微弱时，才可储藏。商品薯应避光预储，以免薯皮变绿，影响品质。在此期间，要剔除病、烂薯。食用和加工原料薯要汰除青皮、虫口和伤口块茎，才可入窖储藏。

三、马铃薯块茎储藏过程中的生理变化

1. 马铃薯块茎

马铃薯块茎储藏期间，将经过后熟期、休眠期和萌发期 3 个生理阶段。

（1）后熟期：收获后的薯块并未充分成熟。这时薯块的特点是表皮还没有木栓化，含水量高，呼吸作用非常旺盛，一般要经过 30d 左右的生理活动过程才能使薯块表皮充分木栓化，达到成熟，呼吸转为微弱而平稳。这一过程称为后熟期或后熟阶段。这一时期，薯块水分蒸发较多，重量损失严重，同时薯堆的温度容易升高。另外，收获后机械损伤、表皮擦伤或挤伤的块茎也在这时进行伤口愈合。储藏时，要求有良好的通风，防止病菌侵染，减少薯块水分蒸发。

（2）休眠期：薯块经后熟阶段后便转入休眠期。休眠即块茎芽眼中幼芽处于相对稳定不萌发的状态。这时表皮充分木栓化，伤口愈合，块茎表面干燥，块茎呼吸强度及其他生理生化活性下降并渐趋于最低。这一阶段块茎物质损耗最少。休眠期的长短因品种而异，早熟品种较短，晚熟品种较长，一般范围在 15～150d。成熟度高的马铃薯块茎的休眠期要比未充分成熟的块茎短。

①自然休眠期。块茎中的芽眼在环境条件适合发芽的情况下，由于其生理上的原因而不萌发的时期。

②被迫休眠期。块茎经过一段时间的休眠后已具备了发芽的可能性，但由于外界环境条件不利于芽的萌动和生长，仍处于休眠状态的时期。储藏过程中可以根据需要人为地调节储藏条件，控制被迫休眠期的长短。

（3）萌发期：通过储藏期间一系列的变化，马铃薯块茎通过休眠期，具有发芽的能力，给予适合的条件，块茎即可发芽生长。

2. 生理生化变化

通过休眠的块茎在适宜的温湿度条件下幼芽即萌发生长。这一时期，块茎重量损失与发芽程度成正比。块茎进入萌发期，标志着商品薯的储藏应马上结束，否则其品质将显著下降。而种薯储藏应进一步加强储藏库的管理，防止种用品质的降低。

在储藏过程中，马铃薯块茎将发生一系列由高活性向低活性、再向高活性的生理生化变化，块茎内的化学成分也在不断变化。整个变化过程与块茎的品质及加工利用有关。生理生化变化主要为组织结构的变化、伤口的愈合、块茎的失水、块茎的呼吸作用、块茎储藏物质和内源激素的变化等。

（1）块茎组织结构的变化：表皮不断木栓化，通过休眠后，在芽眼处形成一个明显的幼芽，在储藏期后幼芽分化出小花。

（2）伤口愈合：块茎在收获、运输和分级选种等过程中易被擦伤和碰伤，伤口在环境条件适宜时就会愈合，从而可以减少水分的蒸发和病菌的入侵。伤口愈合时，在伤口表面形成木栓质，产生木栓化的周皮细胞，把伤口填平。

（3）块茎失水：在储藏过程中，块茎的失水是不可避免的。但过度失水会降低块茎的商品价值和种用块茎的活力。块茎失水的主要途径是薯皮的皮孔蒸发、薯皮的渗透、伤口和芽生长。

（4）块茎的呼吸作用：块茎在呼吸的过程中吸收氧气，消耗营养物质，同时放出水汽、二氧化碳和热量，这会影响块茎储藏环境的温度、湿度及空气成分的变化，从而影响储藏块茎的质量。呼吸强度因块茎的生理状况、储藏环境以及品种等不同而不同。刚收获的块茎呼吸强度相对较高，随着休眠的深入，呼吸强度逐渐减弱，块茎休眠结束后，呼吸强度又开始增高，芽萌动时的呼吸强度急剧增强，随着芽条的生长，呼吸进一步加强。未成熟块茎比成熟块茎的呼吸强，块茎的机械损伤和病菌的感染都会导致呼吸的迅速加强。温度是影响块茎呼吸最主要的环境因素。据研究，储藏温度在 4～5℃ 时呼吸强度最弱，5℃ 以上则随温度的升高而增强。氧不足会导致呼吸降低，高温下缺氧会导致窒息而造成块茎的黑心。

（5）块茎化学成分的变化：在块茎储藏过程中，营养成分不断在发生变化，正常的储藏条件下，变化是缓慢的而且有一定的规律。碳水化合物中95%以上是淀粉，另外还含有蔗糖、葡萄糖、果糖等。在整个储藏期间，块茎中的这些成分不停地相互转化。刚收获的块茎糖的含量较低，随着储藏期的延长，块茎的糖含量不断增加，淀粉含量逐渐减少。还原糖的增加使块茎容易发生褐变从而降低加工品质。块茎糖分增加的速度和程度主要取决于储藏温度和储藏时间。低温是导致糖增加的最主要因素，但如果将低温储藏的块茎放置在室温下储藏一定时间，就会出现糖分减少而淀粉增加的回暖反应。

（6）其他成分的变化：块茎蛋白质随着储藏期的推延而减少，但在收获后至休眠期的变化很小，发芽后，蛋白质明显减少。维生素 C 的损失主要在储藏期，随着储藏期的延长，维生素 C 的含量直线下降，一般在 3℃ 下损失最多，而在 5℃ 下损失最少。

四、马铃薯储藏期块茎损耗的因素

马铃薯块茎在储藏期间的损耗是不可避免的。引起损耗的原因有蒸发作用、呼吸作用、发芽、病虫草鼠害等。

（1）蒸发作用：马铃薯块茎含 75%～80% 水分，而储藏期间主要的重量损失是失水。薯块、薯皮受伤未愈或薯块发芽，都会引起严重的蒸发损耗。由于必须保持储藏薯堆空气流通或通风以保持块茎表面干燥、除去呼吸作用产生的热量并给薯块供应足够的氧气，因此失水是无法避免的。一般情况下，薯块在储藏的第一个月失水量为块茎鲜重的 1.5%，以后大约每个月为 0.5%。

（2）呼吸作用：块茎是鲜活的生命体，薯块吸收周围空气中的氧气与块茎内的碳水化合物作用，产生二氧化碳和水，并释放能量。影响呼吸作用的主要因素是温度，其他影响因素为薯块的成熟度、损伤和含糖量。不成熟的、受损伤的和已开始发芽的薯块具有较强的呼吸作用，不成熟薯块的呼吸一般在 2 周后转为正常。通过通风除去薯堆呼吸作用产生的热量，当产热多于散热时，就会发生过热，这种情况一般发生在周围环境的温度相对较高时。实践证明，储藏温度在 4~8℃ 时的损失是最小的。块茎呼吸产生的二氧化碳也应及时除去，以避免薯块因缺氧而产生黑心。因此，块茎周围应当不断地补充新鲜空气。据测算，每 1 000kg 马铃薯每天至少需要 4~5m³ 新鲜空气才能得到足够的氧气用于呼吸作用。

（3）发芽损耗：发芽引起的巨大损失是由于蒸发、呼吸增强及碳水化合物从薯块向芽的转移。随着温度、湿度的增加，芽生长的速度加快。当温度在 2~4℃ 时很少发芽，因此，在不用抑芽剂的情况下要长时间储藏（如 8 个月），储藏温度应控制在 3~4℃。当温度超过 18℃ 时，使用目前的抑芽剂作用较小。光照能显著减慢生长，散射光储藏是一种有效的种薯储藏方法。

（4）病虫草鼠害引起的损耗：储藏期间的主要损耗是由病虫草鼠害引起的，尤其是在储藏薯块已经部分受侵染、被机械损坏或表皮幼嫩时。马铃薯由于品种、生长条件、感病性、病虫草鼠害的发展以及扩散程度不同，因而引起的损失也不同。只有干净、健康、皮老化的薯块才能成功地储藏。储藏期间引起软腐的主要病害有黑胫病、青枯病、环腐病、早疫病、晚疫病、湿腐病等。引起干腐病的主要病害有镰刀菌干腐病、炭腐病、坏疽病、粉痂病等。在大多数情况下，良好的通风和尽可能的低温可减轻真菌、细菌引起的损失，但最低储藏温度不能低于 3～4℃。潮湿的块茎应当立即干燥后才能储藏，收获时被雨淋湿的薯块绝对不能储藏。储藏期间的主要害虫马铃薯块茎蛾会引起薯块的严重损害。低温储藏会减少损失，块茎蛾在储藏温度低于 10℃时不活动，低于 4℃时死亡。

五、马铃薯的储藏技术

1. 影响马铃薯块茎储藏品质的因素

影响马铃薯块茎储藏的内部因素有两个，一是品种的耐储性，二是块茎的成熟度。在同样的储藏条件下，有的品种耐储性强，有的品种耐储性差。因此应选择适于当地储藏条件的品种。另外成熟度好的块茎，表皮木栓化程度高，收获和运输过程中不易擦伤，储藏期间失水少，不易皱缩。此外，成熟度好的块茎，其内部淀粉等干物质积累充足，大大增强了耐储性。未成熟的块茎，由于表皮幼嫩，未形成木栓层，收获和运输过程中易受擦伤，为病菌侵入创造了条件。由于幼嫩块茎含水量高，干物质积累少，缺乏对不良环境的抵抗能力，因此在储藏过程中，易失水皱缩和发生腐烂。

2. 鲜食马铃薯储藏

无论出售或自己食用的马铃薯，都应当进行黑暗储藏，防止任何光线长期照射，使马铃薯块茎表皮变绿，龙葵素升高，品质变劣。据分析块茎变绿的部分龙葵素含量达 25～28mg/100g（鲜薯）时，人畜食用后可引起中毒，轻者恶心、呕吐，重者妇女流产，牲畜产生畸胎，甚至瞳孔放大、休克等，有生命危险。所以食用薯储藏除控制温、湿度外，应特别注意在黑暗条件下储藏。食用薯储藏期保持窖温 2～4℃、相对湿度 85%～90% 比较合适。低温储藏淀粉可转化为糖，食用时甜味增加，其他品质一般不受影响。

（1）春薯储藏：二季作区春季种植收获的马铃薯，一般储藏期在 5 月底到 8 月，食用商品薯储藏场所应尽量保持低温，降低自然损耗。光线应暗，以免薯块长时间见光变绿，龙葵素含量增加，降低品质，食味发麻，失去食用价值。在管理方面，白天温度高，光线强，应关闭门窗，并吊上草苫或糊上报纸；夜间温度低，光线暗，可打开门窗通风。这样既可保持储藏处温度较低、通风，还可以保持光线较暗。

城市居民或农户，储藏少量食用薯，将薯块装入篓内或纸箱内，放在室内阴凉处即可。储藏前期应勤检查，发现烂薯随时捡出，以免感染其他薯块，造成大量烂薯。以后要求 25d 左右翻捡 1 次，预防烂薯相互传染。

储藏室应打扫干净，在地上铺干沙（或干土）3～5cm 厚。将经过挑选的薯块摊放在上面，摊厚 25～30cm。储藏前期因薯块呼吸作用旺盛，放出大量的水分、热量及二氧化碳，易引起高温、高湿（俗称出汗、起热），造成烂薯，应注意通风，降低温度，保持干燥，经常检查，随时捡出烂薯。要求温度保持在 25℃ 左右，相对湿度 80% 以下。但是，由于夏秋季节气温高，储藏室温往往在 30℃ 以上，因此更应该注意保持干燥、通风，否则薯块腐烂更严重。

（2）秋薯储藏：秋季收获的马铃薯，一般储藏期在 11 月 10 日至翌年的 4 月，多采用室内储藏。将经过挑选后的块茎摊放在室内铺有 3cm 厚的干沙（或干土）土，厚 30cm 左右。不可过厚，因为刚收获的块茎呼吸作用还比较旺盛，过厚容易引起薯堆出汗起热，造成烂薯。储藏初期，应注意储藏室的通风。储藏一段时间后，呼吸作用减弱，气温下降，12 月下旬可将薯块堆成高 80cm 左右、宽 150cm 左右、长根据薯块储藏量及储藏处而定的薯堆，薯堆上面及四周用沙或土覆盖 8～10cm 厚。随着气温的下降，进入寒冬，可加厚覆盖沙（土）或加盖草苫。薯堆内温度保持在 1～4℃ 最适宜；0℃ 以下薯块受冻害；超过5℃ 以上块茎休眠期度过后易发芽，消耗水分和养分，降低商品质量和种性。在储藏期，应根据天气变化、温度的增高或降低，增减薯堆上覆盖物的厚度。室内储藏，若经常见光，薯块易发绿，所以，常以储藏种薯为主。

另外，应注意，切勿在红薯窖内储藏马铃薯。因红薯储藏适宜温度为9～14℃，9℃以下红薯即受冷害。而马铃薯最适宜储藏温度为1～4℃，超过5℃块茎发芽。在红薯窖内储藏，块茎到春天播种时，芽生长15cm左右，消耗了大量的养分和水分，形成生理上的衰老，造成减产。作为商品薯由于发芽，块茎内龙葵素增加，养分水分消耗，薯块萎蔫，失去商品价值。

3. 加工用马铃薯储藏

加工用的块茎，要求淀粉含量高，糖分含量低。所以不论炸条、炸片，加工淀粉或全粉用的马铃薯，都不宜在太低的温度下储藏。特别是在块茎未通过休眠期前的一段时间，尽量保持窖温在10～15℃，可减少淀粉转化成糖。还原糖超过0.4%的块茎，炸片或炸条时都会出现褐色，影响产品质量和售价。还原糖含量和休眠期长短均与品种有关。储藏时可根据品种的特点，调整储藏温度。据研究，储藏在20℃下40d可发芽的品种，储藏在10℃下80d才能发芽，大部分品种在10℃下储藏，均可延长发芽期约一倍的时间。不过需要加工的块茎往往储藏的时间很长，为了防止发芽，必要时还得在4℃左右的条件下储藏。但在加工前2～3周要把加工用的块茎转移到15～20℃下进行处理，还原糖在这样温度下尚可逆转为淀粉，从而减轻对加工品质的影响。块茎在不同的储藏温度下，糖和淀粉可以互相转化。温度低于10℃，淀粉转化成糖，在15～20℃，还原糖可逆转为淀粉。如图7-21所示。

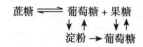

图7-21　淀粉和糖的转化方式

此外，世界上已有不少国家利用化学药剂抑制块茎发芽。例如荷兰把氯苯胺灵（CIPC）和苯胺灵（IPC）用于加工储藏的块茎。粉剂最高用量为 10mg/kg，液体为 20mg/kg。据报道，CIPC 粉剂处理的块茎于 21℃下储藏 4 个月不发芽。但上述药剂对块茎愈合不利，必须在块茎经愈合处理后应用。另外，利用马来酰肼（MH）溶液在马铃薯收获前 20d 左右喷施，每亩用药 0.22kg，可抑制块茎在储藏期发芽。还有用四氯硝基苯（TC-NB）、萘乙酸甲酯（MENA）等药剂的。总之，储藏加工用的块茎以延长储藏期，并保持较高的淀粉、较低的还原糖为主。

4. 种薯的储藏

种用的马铃薯在一季作区需要储藏 6~7 个月，二季作区越冬储藏也需 4~5 个月。根据马铃薯品种的休眠期的长短和各地区的储藏方式，控制马铃薯在储藏期大量发芽或限制幼芽生长是储藏的重点。窖藏的马铃薯在休眠期过后应保持窖温在 2~4℃，湿度在 85%~90%，这样块茎既不会发芽又能保持旺盛生命力。万一储藏条件差，在种薯发芽时无法降低窖温，这时不应继续在窖内储藏，应立即把种薯转移到散光下的室内摊开储存，只要在光照下，块茎的幼芽就不会继续快速伸长。否则块茎在窖内严重发芽，有的芽长可达 1m，大量消耗养分，影响播种质量。据试验，种薯发芽后掰掉一次芽子减产 6%，去掉两次减产 7%~17%，掰掉三次减产 30%。因而种薯储藏最好在低温控制下不让过早发芽。南方种薯多用架藏，这样可使种薯通过休眠期后，在光照下抑制芽的生长。种薯见光后表皮变绿对播种品质没有坏处，反而可增加对病菌的抗性，这就和食用薯储藏完全不同。

5. 抑芽剂的种类与使用

我国马铃薯在储藏期间因发芽、腐烂等原因，每年造成的损失可达 15%~40%。抑芽剂用于马铃薯的储运保鲜，可以有效提高马铃薯的质量和商品价值，明显延长马铃薯的储藏时间和马铃薯加工企业生产时间，对提升马铃薯的产业水平具有重要的促进作用。

保鲜薯一般要求储藏在冷凉、避光、高湿度的条件下，有条件的地方宜进行高湿度气调储藏（相对湿度90%~95%）。在入储之前和储藏期间通常进行抑芽处理。

国外一些公司在我国马铃薯产区推广的抑芽剂，主要成分是青鲜素，使用浓度2 500mg/kg，在收获前4~6周喷施马铃薯植株。

氯苯胺灵（CIPC）是目前世界上最广泛使用的马铃薯抑芽剂，在所有的欧洲国家、美国、澳大利亚和少数发展中国家的马铃薯储藏中应用普遍。CIPC的施用方法有熏蒸、粉施、喷雾和洗薯4种，以熏蒸的抑芽效果最好，可长达9个月。熏蒸的适宜量范围为0.5%~1%，一次熏蒸的时间在48h左右；洗薯块的适宜浓度为1%。FDA（美国食品和药物管理局）和EPA（美国环境保护局）1996年公布的CIPC在薯块中允许残留的限量为30mg/kg。

注意事项：抑芽剂有阻碍块茎损伤组织愈合及表皮木栓化的作用，所以块茎收获后，必须经过2~3周时间，使损伤组织自然愈合后才能施用。

切忌将马铃薯抑芽剂用于种薯和在种薯储藏窖内进行抑芽处理，以防止影响种薯的发芽，给生产造成损失。

第八章　脱毒马铃薯种薯生产

第一节　脱毒马铃薯种薯繁育条件

一、脱毒种薯的概念与特点

（一）脱毒种薯的概念

脱毒种薯是指马铃薯种薯经过一系列物理、化学、生物或其他技术措施清除薯块体内的病毒后，获得的经检测无病毒或极少有病毒侵染的种薯。脱毒种薯是马铃薯脱毒快繁及种薯生产体系中，各种级别种薯的通称。常用术语主要有以下几个。

脱毒试管薯：用脱毒试管苗在试管中诱导生产的薯块。

微型薯（原原种）：利用茎尖组织培养的试管苗或试管薯在人工控制的防虫温室、网室中用栽培或脱毒苗扦插等技术无土栽培（一般用蛭石作基质）生产的小薯块（或称迷你薯）。

原种：用微型薯作种在防虫网棚或良好隔离条件下生产的种薯。

一级种薯：用原种作种在良好隔离条件下生产的种薯。

二级种薯：由一级种薯作种生产的种薯。

（二）脱毒种薯的特点

1. 加快品种繁殖速度

马铃薯脱毒种薯生产技术有两个作用：一是解决马铃薯退化问题，恢复其生产力；二是加快品种繁殖速度，在我国后者目前显得更为重要。要育成一个新的可利用品种一般得 10～12 年才能开始推广种植，而利用该技术引进材料繁殖在 3～5 年内就可以大面积种植，且形成商品薯。

2. 提高马铃薯产量与品质

脱毒种薯大幅度提高了马铃薯产量与品质。脱毒种薯的增产效果极其显著,采用脱毒种薯可以增产 30% ~ 50%,高的达到 1 ~ 2 倍,甚至 3 ~ 4 倍。脱毒种薯主要表现出苗早、整齐、生活力旺盛、生长势强、生育期相对延长,有利于提高单株产量和增加薯块干物质含量。另据研究,脱毒马铃薯植株光合生产率提高 41.9%;同时,脱毒马铃薯植株水分代谢旺盛,抗高温、干旱的能力较强,明显提高了抗逆性。

3. 保持原品种的遗传稳定性

脱毒种薯保持了原品种主要性状的遗传稳定性,恢复了优良种性,而并非创造了新品种。脱毒种薯在茎尖分生组织培养和脱毒苗组培快繁过程中,只要培养基中不加入激素,一般都不会发生遗传变异,更何况在获得脱毒苗后,都要进行品种的可靠性鉴定。

4. 存在再度感染病毒退化的可能

脱毒种薯连续种植依然会再度感染病毒而产生退化。脱毒种薯应用代数是有限度的,并不是一个马铃薯品种一旦脱毒,就可长期连续作种应用,一劳永逸。种薯脱毒,只是一种摒除病毒的治疗措施,并没有从品种的遗传基础上提高其抗病性。种薯脱毒种植后,仍然可能面临病毒的再度侵染。

二、种薯脱毒基本原理

脱毒种薯是应用植物组织培养技术繁育马铃薯种苗,经逐代繁育增加种薯数量,生产出来的用于商品薯生产的种薯。

植物组织培养技术是利用细胞的全能性,应用无菌操作培养植物的离体器官、组织或细胞,使其在人工控制条件下生长和发育的技术。20 世纪 70 年代,美国为了解决马铃薯品种严重退化问题,根据马铃薯是无性繁殖生物的特点,采用茎尖组织培养技术,培育出马铃薯脱毒种薯,成功解决了马铃薯主打品种大西洋的退化问题，从此形成了真正意义上的马铃薯脱毒生产技术。

该技术的理论基础如下。

1. 茎尖组织生长速度快

马铃薯退化是由于无性繁殖导致病毒连年积累所致，而马铃薯幼苗茎尖组织细胞分裂速度快，生长锥（生长点）的生长速度远远超过病毒增殖速度，这种生长时间差形成了茎尖的无病毒区。切取茎尖（或根尖）可培育成不带毒或带毒很少的脱毒苗。

2. 茎尖组织细胞代谢旺盛

茎尖细胞代谢旺盛，在对合成核酸分子的前体竞争方面占据优势，病毒难以获得复制自己的原料。荷兰学者曾利用烟草病毒对烟草愈伤组织的侵染实验，证明细胞分裂与病毒复制之间存在竞争，在活跃的分生组织中，正常核蛋白合成占优势，病毒粒子得不到复制的营养而受到抑制。

3. 高浓度的生长素

茎尖分生组织内生长素浓度通常很高，可能影响病毒复制。

4. 培养基的成分

茎尖分生组织内或培养基内某些成分能抑制病毒增殖。所以利用茎尖组织（生长锥表皮下 $0.2 \sim 0.5 \, mm$）培养可获得脱毒苗，由脱毒苗快速繁殖可获得脱毒种薯。

三、脱毒马铃薯种薯繁育条件

（一）种薯健康

种薯健康是马铃薯种薯生产的核心，也是鉴别质量的唯一标准。所谓种薯健康是指块茎无碰伤、无破损、无冻烂、无病毒和病害感染、无生理病害等。关于健康标准，我国暂无统一规定，各省区根据当地的实际情况要求的内容和指标有些不同。种薯繁育所有栽培管理措施都要围绕生产健康种薯这一目标进行。

（二）种薯产量与质量

种薯生产要追求较高的产量，但重要的是要追求更高的质量，质量是第一位的。为了保证质量，可以采取推迟播种、控制氮肥施用量、随时淘汰劣株、提早收获等一些影响产量的措施。提高繁种产量，可以降低繁种成本，提高经济效益，要是一味追求高产而放松对质量的控制，种薯质量达不到标准就会降级或作为商品薯，那么经济收入反而会减少。既要获得一定产量又要保证种薯质量，这就需要采用科学的栽培管理措施，以达到高产优质的目的。

（三）种薯大小

种薯大小不仅直接影响产量，更主要的是与种薯质量有关。关于种薯的适宜大小问题，国内外有很多研究报告。前苏联资料显示，适于作种的最有利的块茎重量为 60～80g；日本资料显示，种薯从 10g、20g、40g 增至 60g、80g，产量有所增加，但除 20g 比 10g 增产 20% 外，其余增产并不显著；荷兰种薯大小级别分为直径 2.8～3.5cm、3.5～4.5cm、4.5～5.5cm，价格比值为 10：7：5，以鼓励种薯繁育者生产幼健小种薯。因此，种薯生产的栽培管理原则是：在合理密度极限内争取最大限度的密植，保证单位面积上的足够株数，采取催芽晒种、整薯早播的方法，增加每穴的主茎数，提高单穴的结薯数量；同时还要适当深播，分层多次培土，增加每个主茎的结薯层和个数。

第二节　脱毒马铃薯种薯繁育方法与技术

一、马铃薯茎尖脱毒与快繁

茎尖组织培养产生马铃薯脱毒种薯技术是集组织培养技术、植物病毒检测技术、无土栽培生产脱毒微型薯技术和种薯繁育规程为一体的综合技术。

（一）茎尖组织培养脱毒的历史和现状

在植物体内，病毒随着寄主的输导组织传遍全身，但是，它的分布并不均一，这种不均一的现象很早就被人们发现。怀特（1943）用离体的方法成功地培养了被烟草花叶病毒（TMV）侵染的番茄根。他将培养产生的根切成小段，并对每一段进行病毒鉴定，发现在各个切段内病毒的含量并不一致，在近根尖的小段中，病毒的含量很低，在根尖部分，则没有发现病毒。利马塞特和科纽特（1949）发现在茎中也有同样的现象，愈接近茎顶端，病毒的浓度愈低。

植物病毒在体内分布不均一性促使人们进行一系列试验，企图利用无病毒组织产生无病毒植株。开始有人用嫁接或扦插的方法。在有些植物上，这种方法是有效的，产生的植株症状大为减轻，或完全消失。但是对大多数病毒来讲，这种方法是不适用的，因为只有在茎的分生组织部分才维持无病毒，这样的部分一般来讲是很小的，仅在0.5mm以下，因此直接用这样小的组织作接穗或插枝是不大可能的，必须创造更有效的方法。

现在为大家所熟悉的植物组织培养方法，在当时已得到迅速的发展，解决了一系列培养上的困难，为离体培养茎尖无病毒组织的成功提供了可能。首先用这种方法获得成功的是法国人莫勒尔和他的同事们。他们用大丽花为材料，在1952年试验产生了无病毒植株。在1955年又以马铃薯为材料产生了无病毒植株。

莫勒尔等人的成功，引起了人们极大的兴趣，有人评价这是为治疗植物病毒病打开了一个新的途径。继法国之后，很多国家也开展了大量研究，试验的材料除马铃薯外，还有白薯、甘蔗、兰花、石竹、葡萄、草莓、菊花、花椰菜以及其他重要经济作物等30多种，很多植物都用于生产实际，成为植物组织培养解决生产问题的突出例子。植物组织培养产生无病毒原种是植物组织培养领域中的重要内容。

马铃薯茎尖培养是其中最成功的例子之一，现在，几乎所有生产马铃薯的主要国家，都在生产中使用这一技术，有人统计至 1975 年为止，用这种技术产生无病毒马铃薯的品种已达 150 个左右，以前那些长期难以产生无病毒植株的品种，也很快获得了成功。

在我国，这方面的工作也已开展。最初，吉林农业大学、辽宁省农业科学院和黑龙江克山农业科学研究所进行了某些初步试验，取得了一定进展，从 1974 年开始，中国科学院植物研究所相继和黑龙江克山农业科学研究所、内蒙古自治区的乌兰察布市农业科学研究所以及中国科学院微生物研究所、遗传研究所、动物研究所、内蒙古大学等单位协作，开展了以马铃薯茎尖培养为中心的实用化研究，工作取得了很快进展。在两年多时间里，产生了几十个无病毒品种。

（二）脱毒苗培育的意义

1. 病毒的为害

病毒是指寄生在活细胞内的非细胞结构的生命体，又称为"病毒粒子"，电子显微镜下才能观察到其形态大小。据报道，目前全世界植物病毒已达 700 多种。大多数农作物，尤其是无性繁殖的作物都受到 1 种以上的病毒侵染。自然界中植物病毒侵染主要通过以下途径侵染和传播：一是介体（蚜虫等昆虫、螨、真菌、线虫等）造成的微伤；二是移苗、整枝、摘心、打枝、修剪、中耕除草等农事操作时的机械损伤；三是通过嫁接、菟丝子"桥接"等接触性传播。多数病毒不经种子传播，植物受到病毒侵染后，可经无性繁殖的营养器官传至下一代，马铃薯一般通过介体（主要是蚜虫）传播病毒。

植物感染病毒后表现为叶黄化、红化或形成花叶；植株矮化、丛生或畸形；形成枯斑或坏死；产量和品质下降；品种退化，生长势衰退，直至死亡，其发生流行给生产造成巨大损失，甚至是毁灭性的灾难。如马铃薯感染病毒后，表现出卷叶、花叶、束顶、矮化等复杂症状，减产幅度可达 40% ~ 70%。

2. 培育脱毒苗的意义

由于病毒复制与植物代谢密切相关，而且有些病毒的抗逆性很强，所以，它与真菌和细菌不同，常规使用的化学药剂或抗生素不能从根本上有效防治，至今仍没有一种特效药物能够实现既能有效防治病毒病害，又不伤害植物。20 世纪 50 年代，人们发现通过组织培养途径可以除去植物体内病毒，六七十年代这项技术便在花卉、蔬菜和果树生产中得到广泛应用，现已成为彻底脱除植物体内病毒，培育脱毒苗木的根本途径。

所谓"脱毒苗"，又称"无病毒苗"，是指不含有该种植物的主要为害病毒，即经过检测主要病毒在植物体内的存在表现为阴性反应的苗木。因此，准确地说"脱毒苗"是"特定无病毒"，应称为"鉴定苗"。通过组织培养技术培育的脱毒苗具有以下优势：提高产量和品质、抗性增强。

脱毒马铃薯的植株表现为叶片平展、肥厚，叶色浓绿，茎秆粗壮，田间整齐一致，光合作用增强；产量高，增产 40%～60%，有的甚至成倍增长（如黑龙江省早熟品种 2.5 万～3.5 万 kg/hm^2；晚熟品种 4 万 kg/hm^2 以上）；薯大，薯形整齐、美观、芽眼少且浅，表皮光滑，薯块内部纯净，薯肉近于半透明；淀粉等营养物质含量显著提高；口感较好，有些品种伴有香味；相对耐贮。如果生育期间能有效防止晚疫病，冬季窖贮时则很少烂窖。

目前，通过组织培养手段培养脱毒苗已成为农作物、园艺植物、经济作物优良品种繁育、生产中的重要环节，世界不少国家十分重视这项工作，把脱除病毒纳入常规良种繁殖的一个重要程序，建立了大规模的无病毒苗生产基地，为生产提供无病毒优良种苗，在生产上发挥了重要作用，取得了显著的经济效益。

（三）茎尖组织培养脱毒的概念

利用植物组织培养方法，将植物顶端分生组织及其下方的

1~3个幼叶原基即茎尖取下，在无菌条件下，放置在人工配制的培养基上，给予一定的条件（温度、光照、湿度等），让其形成完整植株后，并结合血清病毒检测技术，在防蚜传毒条件下，将影响植物正常生长的植物病毒脱除的高新农业生物技术。

（四）茎尖组织培养脱毒的原理

马铃薯的无性繁殖方式决定了马铃薯病毒可通过马铃薯块茎代代相传并积累，从而导致种薯退化。被感染病毒的植株体内病毒的分布并不均匀，病毒的数量随植株的年龄与部位而有所差异，即老叶及成熟的组织或器官中病毒含量较高，幼嫩及未成熟的组织和器官中病毒含量较低，而生长点由于输导组织尚未形成而几乎不含病毒。1943年White发现受烟草花叶病毒（TMV）侵染的番茄根尖不同部位，病毒的浓度不同，离尖端越远病毒浓度越高。Morle等（1952）根据病毒在寄主植物体内分布不均匀的特点，建立了茎尖培养脱毒方法，培育出马铃薯脱毒种薯。该技术的理论基础如下。

1. 茎尖组织生长速度快

马铃薯退化是由于无性繁殖导致病毒连年积累所致，而马铃薯幼苗茎尖组织细胞分裂速度快，生长锥（生长点）的生长速度快，而病毒在植物体细胞内繁殖速度相对较慢，即马铃薯茎尖分生组织和生长锥的分裂速度和生长速度远远超过了病毒的增殖速度，这种生长时间差形成了茎尖的无病毒区。所以可以采用小茎尖的离体培养脱除病毒。

2. 传导抑制

茎尖、根尖分生组织不含病毒粒子或病毒粒子浓度很低，这是因为病毒在寄主植物体内随维管系统（筛管）转移，在根尖与茎尖分生组织中没有维管系统，病毒运动困难。曾普遍认为在分生组织细胞与细胞之间，病毒也可通过胞间连丝扩散转移，但是茎尖分生组织细胞的生长速度远远超过病毒在胞间连丝之间的转移速度。王毅（1995）、朱玉贤等（1997）总结国内外近年对胞间连丝的研究指出，胞间连丝微通道口最大直径是 0.8～1nm，允许通过物质的最大分子量是 1kU，而病毒粒子直径为 10～80nm，不能靠简单扩散通过胞间连丝。已发现一些病毒可产生运动蛋白改变胞间连丝结构，协助病毒在植物细胞间转移。但是病毒在寄主茎（根）尖的生长速度慢，导致顶端分生组织附近病毒浓度低，甚至不带病毒。通过茎尖或根尖离体培养便可获得无病毒再生植株，从而形成了真正意义的马铃薯分生组织脱毒生产技术。即病毒在植物体内的传播主要是通过维管束实现的，但在分生组织中，维管组织还不健全或没有，从而抑制了病毒向分生组织的传导。

3. 能量竞争

病毒核酸和植物细胞分裂时 DNA 的合成需要消耗大量的能量，而分生组织细胞代谢旺盛，在对合成核酸分子的前体竞争方面占优势，即 DNA 合成是自我提供能量自我复制，而病毒核酸的合成要靠植物提供能量来复制，因而病毒难以获得复制自己的原料及足够的能量，竞争抑制了病毒核酸的复制。

4. 激素抑制

在茎尖分生组织中，生长素和细胞分裂素水平平均很高，从而阻滞了病毒的侵入或者抑制病毒的合成。

5. 酶缺乏

可能病毒的合成需要的酶系统在分生组织中缺乏或还没建立，因而病毒无法在分生组织中复制。

6. 抑制因子

1976 年，Martin - Tanguy 等提出了抑制因子假说，认为在分生组织内或培养基中某些成分存在某种抑制因子，这些抑制因子在分生组织中比在任何区域具有更高的活性，从而抑制了病毒的增殖。

所以利用茎尖组织（生长锥表皮下 0.2～0.5mm）培养可获得脱毒苗，由脱毒苗快速繁殖可获得脱毒种薯。

（五）茎尖组织培养脱毒技术

根据病毒在马铃薯植株组织中分布的不均匀性，即靠近新组织的部位，如根尖和茎顶端生长点、新生芽的生长锥等处，没有病毒或病毒很少的实际情况，在无菌的特别环境和设备下，切取很小的茎尖组织放置在特定的培养基上，经过培养使之长成幼苗。

1. 脱毒材料选择

茎尖组织的培养目的是脱掉病毒。而脱毒效果与材料的选择关系很大。马铃薯品种发生病毒性退化，植株间感染病毒轻重、有无，往往差别很大，感病毒重的常常是病毒复合侵染，如有的被 X 病毒和 Y 病毒侵染或 3~4 种病毒侵染。感病轻的可能被 1 种病毒感染，还有接近于健康的植株。所以在选择脱毒材料时，除应选取具有该品种典型性状的植株外，还要选取植株中病症最轻的或健康的植株。

选取的这些植株做茎尖培养时，可直接切取植株上的分枝或腋芽进行茎尖剥离培养，也可取这些植株的块茎，待块茎发芽后剥去芽的生长点（生长锥）进行培养。不论取材健康程度如何，都应在取用前进行纺锤块茎类病毒（PSTV）及各种病毒检测，以便决定取舍及对病毒的全面掌握。在病毒检测时有的品种在种植过程中因感病毒机会少，或种植时间短，可能有的植株无病毒，仍保持健康状态，经检测后确定无病毒，即可作无病毒株系扩大繁殖，免去脱毒之劳。

2. 病毒检测

病毒检测分茎尖培养前检测及培养成苗后检测。

茎尖培养前检测。目前生产上推广的品种，或多或少有被马铃薯纺锤块茎类病毒侵染的可能。作为茎尖培养的材料，首先用聚丙烯酰胺凝胶电泳法对纺锤块茎类病毒进行检测，发现有这类病毒存在，应坚决淘汰。因为茎尖脱毒一般不能脱去该种病毒。只有在无纺锤块茎类病毒时，再进行其他病毒检测。

可用血清学法、电镜法、指示植物法等方法，检测材料带病毒种类，进行编号登记，培养成苗后再进行检测。

3. 茎尖组织培养

（1）取材和消毒：剥取茎尖可用植株分枝或腋芽，但大多采用块茎上发出的嫩芽，因为植株的腋芽不易彻底消毒，容易污染。

第一种方法：剪取顶芽梢段（也可用侧芽）3~5cm，剥去大叶片，用自来水冲洗干净，在75%酒精中浸泡30s左右，用0.1% $HgCl_2$ 消毒10min左右［或用1%~5% NaClO 或5%~7%的 $Ca(ClO)_2$ 溶液消毒10~20min］，最后用无菌水冲洗材料4~5次。

第二种方法：块茎上的幼芽长到3~4cm、幼叶未展开时切取幼芽（不可用老芽，因老芽易分化成花芽）若干。先对芽段进行消毒，可把芽段放在烧杯中用纱布将口封住，放在流水中冲洗30min以上，然后用95%酒精漂洗30s，放在5%的 NaClO 溶液中浸泡20min，再用无菌水冲洗3~4次。也可用多种药剂进行交替灭菌，然后拿到无菌室的超净工作台上开始剥取茎尖，进行茎尖组织剥离和接种。

（2）茎尖剥取和接种：在无菌室的超净工作台上将消毒过的材料置于30~40倍的双筒解剖镜下，一只手用镊子将材料固定于视野中，另一只手用解剖刀一层一层剥去芽顶的嫩叶片，待露出1~2个叶原基和生长锥后，用解剖刀把带1~2个叶原基的生长锥（图8-1）0.2~0.3mm 切下并立即接种在试管内培养基上（顶部向上）。每管接种1~2个茎尖，并在试管上编号，以便成苗后检查。还有一种方法是把经过消毒的薯芽，直接插入培养基中，生根长成苗后，再做剥离，成活率高，效果好。

剥离茎尖、接种使用的解剖针和刀具等都要严格消毒，最好有2个解剖针和2个刀具。将2个用具均放在有70%酒精中，使用时取出1个，剥完1个茎尖把针和刀具在酒精灯上灼烧，

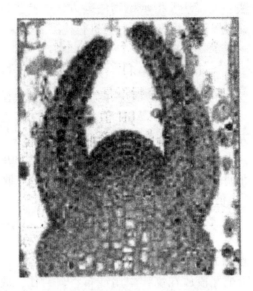

图 8 – 1　马铃薯茎尖照片（带两个叶原基）

放入酒精中，再剥时用另 1 个针和刀；轮流使用，严格消毒，防止杂菌交叉污染。

接种时确保微茎尖不与其他物体接触，只用解剖针接种即可。剥离茎尖时，应尽快接种，茎尖暴露的时间应当越短越好，以防茎尖变干。可在一个衬有无菌水湿润滤纸的灭过菌的培养皿内进行操作，有助于防止茎尖变干，并注意随时更换滤纸，剥取茎尖时切勿损伤生长点。

剥取茎尖需在无菌室内超净工作台上进行。为了防止杂菌污染，应对无菌室消毒。一般用 5% 的石碳酸水溶液全面喷雾，并用紫外灯照射 30min 以上。关闭紫外灯。超净工作台应事先打开，30min 后工作。工作人员进入无菌室后，应用 70% 的酒精棉擦拭手和工作台上的各种用具，然后开始工作。

（3）茎尖培养：植物组织培养能否成功，关键是能否找到合适的培养基，培养基的成分大体由 3 部分组成，一是大量元素，二是微量元素，三是有机成分，由这 3 类成分组成的培养基，为基本培养基，对于大多数组织来说，单有基本培养基还不行，还须加植物生长调节物质。生长调节物质常用生长素、细胞分裂素和赤霉素。琼脂不是营养成分，它只起固定凝固作用。并用0.1mol/L的NaOH或0.1mol/L的HCl调节pH值为5.6~5.8。根据需要做成固体培养基或液体培养基（不加琼脂），分装在试管中或三角瓶、罐头瓶等中，高压灭菌后放在无菌室内备用（培养基放置的时间不宜过长，常温下不超过3d为好）。

将接种好的茎尖置于25℃左右的温度下。每天以16h 2 000~3 000lx的光照条件下进行培养。由于在低温和短日照下，茎尖有可能进入休眠；所以较高的温度和充足的日照时间必须保证。经30~40d，成活的茎尖，颜色发绿，茎明显伸长，叶原基长成小叶。然后在无菌条件下将其转接到生根培养基中进行培养，经过3~4个月长成有根系的带3~4个叶片的小单株，称"茎尖苗"。再进行切段扩繁一次，取部分苗进行病毒检测。但是，比较小的茎尖（0.1~0.2mm）则需3~4个月，有的甚至更长时间才发生绿芽。其间应更换新鲜培养基。提高培养基中BA的浓度，可形成大量丛生芽。

4. 病毒检测

病毒在马铃薯体内只是在很小的分生组织部分才不存在，但实际切取时，茎尖往往过大，可能带有病毒，因此必须经过鉴定，才能确定病毒是否脱除。以单株为系进行扩繁，苗数达150~200株时，随机抽取3~4个样本，每个样本为10~15株，进行病毒检测。常用的病毒检测方法有指示植物检测法、抗血清法即酶联免疫吸附法（ELISA）、免疫吸附电子显微镜检测和现代分子生物学技术检测等方法。通过鉴定把带有病毒的植株淘汰掉，不带病毒的植株转人基础苗的扩繁，供生产脱毒微型薯使用。茎尖分生组织脱毒的具体过程如图8-2所示。

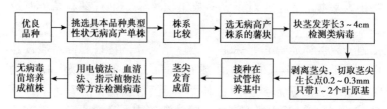

图 8 - 2　马铃薯茎尖分生组织培养脱毒程序

5. 切段快繁

在无菌条件下，将经过病毒检测的无毒茎尖苗按单节切断，每节带 1~2 个叶片，将切段接种于培养容器的培养基上，置于培养室内进行培养。培养温度 23 ~ 27℃，光照强度 2 000 ~ 3 000lx，光照时间 16h，2 ~ 3d 内，切段就能从叶腋处长出新芽和根。切段快繁的速度很快，当培养条件适宜时，一般 30d 可切繁一次，1 株苗可切 7 ~ 8 段，即增加 7 ~ 8 倍。

6. 微型薯生产

在条件适宜的条件下，3 个月左右即能产生具有 3 ~ 4 片叶的小植株，可以移入土壤中，移栽时必须注意土壤湿度不应太大，而应保持较高的空气湿度，因为小植株从异养状态变为完全自养有一适应阶段，否则会因根系和叶片发育不好，往往使移栽不易成活。

（1）网室脱毒苗无土扦插生产微型薯：微型薯的生产一般采用无土栽培的形式在防蚜温室、防蚜网室中进行，选用的防蚜网纱要在 40 目以上才能达到防蚜效果。目前多数采用基质栽培，也有采用喷雾栽培、营养液栽培的形式生产微型薯的，但并不普遍。

在基质栽培中，适宜移栽脱毒苗的基质要疏松，通气良好，一般用草炭、蛭石、泥炭土；珍珠岩、森林土、无菌细砂作生产微型薯的基质，并在高温消毒后使用。实际生产中，大规模使用蛭石最安全，运输强度小，易操作也能再次利用，因而得到广泛应用。为了补充基质中的养分，在制备时可掺入必要的营养元素，如三元复合肥等，必要时还可喷施磷酸二氢钾，以及铁、镁、硼等元素。

试管苗移栽时，应将根部带的培养基洗掉，以防霉菌寄生为害。基础苗扦插密度较高，生产苗的扦插密度较低，一般每平方米在 400~800 株范围内较合适。扦插后将苗轻压并用水浇透，然后盖塑料薄膜保湿，一周后扦插苗生根后，撤膜进行管理。棚内温度不超过 25℃。扦插成活的脱毒苗可作为下一次切段扦插的基础苗，从而扩大繁殖倍数，降低成本。

（2）通过诱导试管薯生产微型薯：在二季作地区，夏季高温高湿时期，温（网）室的温度常在 30℃ 以上，不适宜用试管脱毒苗扦插繁殖微型薯，但可以由快速繁育脱毒试管苗方法获得健壮植株，在无菌条件下转入诱导培养基或者在原培养容器中加入一定量的诱导培养基，置于有利于结薯的低温（18~20℃）、黑暗或短光照条件下培养，半个月后，即可在植株上陆续形成小块茎，一个月即可收获。试管薯虽小，但可以取代脱毒苗的移栽。这样就可以把脱毒苗培育和试管薯生产在二季作地区结合起来，一年四季不断生产脱毒苗和试管薯，对于加速脱毒薯生产非常有利。

在试验中，获得的马铃薯脱毒试管薯，其重量一般在 60~90mg，外观与绿豆或黄豆一样大小，可周年进行繁殖，与脱毒试管苗相比，更易于运输和种植成活。但是用试管诱导方法生产脱毒微型薯的设备条件要求较高，技术要求较复杂，生产成本较高，因此我们一般则以无土栽培技术为主进行。

（六）影响茎尖脱毒效果的因素

能否通过茎尖培养产生无病毒植株主要取决于两个方面，首先，离体茎尖能否成活；其次，成活的茎尖是否带有病毒。即影响茎尖脱毒效果的因素主要由茎尖成苗率和脱毒率 2 个因素所决定。影响茎尖成活的因子很多，主要有以下几方面的因素。

1. 茎尖大小和芽的选择

剥离的茎尖大小是影响脱毒率和成苗率的一个关键因子。用于脱毒的茎尖外植体可以是顶端分生组织即生长点，最大直径 0.1mm；也可以是带 1~2 个叶原基的茎尖（shoot tip）。

茎尖外植体的大小与脱毒效果成反比，即外植体越大，产生再生植株的机会也越多，但是清除病毒的效果越差；外植体越小，清除病毒效果愈好，但再生植株的形成较难，有些研究者做了这方面的试验，结果如表 8-1 所示。尤其是 X 病毒和 S 病毒，切取的茎尖越小，脱毒率越高，上述 2 种病毒靠近生长点，比较难脱除。起始培养的茎尖大小不带叶原基的生长点培养脱毒效果最好，带 1~2 个叶原基可获得 40% 脱毒苗。但是不带叶原基的过小外植体离体培养存活困难，生长缓慢，操作难度大。因为茎尖分生组织不能合成自身所需的生长素，而分生组织以下的 1~2 个幼叶原基可合成并供给分生组织所需的生长素、细胞分裂素，因而带叶原基的茎尖生长较快，成苗率高。但茎尖外植体越大，脱毒效果越差，含有 2 个叶原基以上的茎尖脱毒率低。通常以带 1~2 个幼叶原基的茎尖（0.3mm）作外植体比较合适。总之，切取的茎尖在 0.1~0.3mm 范围内，含有 1~2 个叶原基的脱毒效果最好。关于马铃薯茎尖脱毒工作的大量资料表明，较易脱去的马铃薯病毒是卷叶病毒，较难脱掉的是 S 病毒。马铃薯脱毒适宜的茎尖大小如表 8-2 所示。在芽的选择上顶芽比腋芽好，而且成活率也高。

表 8-1　离体茎尖大小对马铃薯病毒脱除的影响

茎尖长度（mm）	叶原基数	发育小植株数	去除马铃薯 X 病毒的植株数
0.12	1	50	24
0.27	2	42	18
0.6	4	64	0

表 8 - 2 用于脱毒的马铃薯适宜茎尖大小

植物	病毒	茎尖大小（mm）	品种数
	马铃薯 Y 病毒	1.0~3.0	1
	马铃薯 PLRV 病毒	1.0~3.0	3
马铃薯	马铃薯 X 病毒	0.2~0.5	7
	马铃薯 G 病毒	0.2~0.3	1
	马铃薯 S 病毒	0.2 以下	5

2. 外植体的生理因素

从总的脱毒情况和植株形成的效果看，顶芽的脱毒效果比侧芽好，生长旺盛的芽比休眠芽或快进入休眠的芽好。据河北省农业科学研究所韩舜宗等研究，选取块茎顶部萌发芽的生长点离体培养，其成苗率和脱毒率比来自其他部位的要高。乌盟农业科学研究所宫国璞的研究表明，块茎顶部的粗壮芽和植株主茎的生长点培养脱毒的效果较其他部位好。对于室内马铃薯枝条，为了增加无病毒植株的繁殖量，侧芽也可采用，因为每个枝条只有一个顶芽，而侧芽有好几个。

取芽时期也会影响培养效果，对于春播马铃薯，在春季和初夏采集的茎尖培养效果比从较晚季节采集的要好；对于秋播马铃薯品种也表现为在生殖阶段采集的茎尖好于在营养生长阶段的茎尖。

3. 病毒种类

不同种类的病毒去除的难易程度也不同，奎克发现，由只带一个叶原基的茎尖所产生的植株，全部除去了马铃薯卷叶病毒，而其中有 80% 植株除去了马铃薯 A 病毒和 Y 病毒，从茎尖获得的 500 株植株中，只有一株除去了马铃薯 X 病毒。这种现象和病毒在茎尖附近的分布有关。

茎尖组织培养脱毒的难易程度有很大差别，多数研究者的试验结果表明，脱除病毒的难易程度顺序依次为 PSTV、PVS、PVX、PVM、PAMV、PVY、PVA 和 PVRV，排列越前的脱毒越难，其中 PSTV 最难脱除，PVX 和 PVY 较难脱除。但以上的顺序并非绝对，如结合热处理，可显著提高 PVX 和 PVS 的脱毒率。

由多种病毒复合感染后，脱毒更困难。Pennazio（1971）发现，用热处理的茎尖苗，其中一种仅感染了 PVX，42 株小苗中有 34 株脱除了病毒。而另一个材料同时感染了 PVX、PVM、PVS 和 PVY，34 株小苗全部脱除了 PVY，大部分脱除了 PVM 和 PVS，但只有两株脱除了 PVX。他认为这个材料脱除了 PVX 之所以困难，是由于 4 种病毒复合感染的原因。即当 PVX 单独存在时，茎尖组织培养产生无 PVX 脱毒率远远高于 PVX 与其他病毒复合侵染的茎尖脱毒率。

4. 物理方法

利用一些物理因素如 X 射线、紫外线、高温和低温等处理种薯使病毒钝化，可以达到脱除病毒，获得脱毒种薯的目的。其中以热处理钝化病毒的方法较多，用高温处理患病毒的马铃薯植株或块茎幼芽后，再进行茎尖培养，则脱毒率比较高。在高于正常温度且植物组织很少受到伤害的条件下，植物组织中的许多病毒可被部分或全部钝化，使病毒不能繁殖。热处理可以脱除那些单靠组织培养难以消除的病毒，如卷叶病毒经过热处理后，即使是较大的茎尖组织也有可能脱去病毒。1949 年克莎尼斯用 37.5℃高温处理患卷叶病毒的块茎 25d，种植后没有出现患卷叶病的植株。1973 年麦克多纳在茎尖培养前，对发芽块茎采取 32~35℃的高温处理 32d，脱去了 X 病毒和 S 病毒。1978 年潘纳齐奥报道，将患有 X 病毒的马铃薯植株于 30℃下处理 28d，脱毒率 41.7%，处理 41d 脱毒率为 72.9%，未处理的为 18.8%，证明高温处理患 X 病毒的植株时间愈长，脱毒率愈高。

高温处理的优点是操作简单，短时间内能处理大批种薯；缺点是对大多数病毒不能根除，有很大的局限性，而且有时脱毒效果不理想。

茎尖经冷热不同的处理后可提高脱毒的效果。李凤云的研究结果表明，6~8℃低温和37℃热空气预处理有利于脱除类病毒、PVX和PVS等难脱除的病毒，在不影响成苗率的情况下提高了脱毒率。此外，脱毒前茎尖结合化学方法（如赤霉素或次氯酸钠浸种）或光照等预处理效果会更佳。

5. 药剂处理

药剂可以抑制病毒繁殖，有助于提高茎尖脱毒率。嘌呤和嘧啶的一些衍生物如2-硫脲嘧啶和8-氮鸟嘌呤等能和病毒粒子结合，使一些病毒不能复制。用孔雀石绿、2,4-D和硫脲嘧啶等加入培养基中进行茎尖培养时可除去病毒。1951年汤姆生在培养基中加入4mg/kg的孔雀石绿，脱掉了马铃薯Y病毒。1961年欧希玛等用2~15mg/kg的孔雀石绿加入培养基中培养马铃薯茎尖，除去了X病毒。1961年卡克用0.1mg/kg的2,4-D加入培养基中，培养茎尖时，得到了无X病毒和S病毒的植株。1982年克林等报道，在培养基中加10mg/L病毒唑培养马铃薯茎尖时，去掉了80%X病毒。1985年瓦姆布古等用不同浓度的病毒唑处理3~4mm马铃薯茎尖（腋芽）20周，除去了Y病毒和S病毒，其中用20mg/L病毒唑加入培养基中，可脱掉Y病毒85%，脱去S病毒90%以上。

6. 培养基成分和培养条件

培养基的成分对茎尖培养的成苗率有较大的影响，而且有时起着关键作用。对茎尖起作用的培养基因子主要有营养成分、生长调节物质和物理状态等。

Stace-Smith和Mellor（1986）比较了几种培养基的效果。结果表明，MS基本培养基在成苗率和脱毒率上都是最好的，因为马铃薯茎尖培养需要较多的NO_3^-和NH_4^+营养。适当提高钾盐和铵盐离子的浓度对茎尖生长和发育有重要作用，可提高脱毒成功率。附加成分，尤其是植物生长调节物质对茎尖的生长和发育有重要的作用，一定浓度和时间的外源激素处理可用来控制茎尖成活、苗的分化和调节生长，使试管苗的根茎增粗和叶片增大等，但浓度过高或使用时间过长会产生不利影响。当然，不同品种对激素的反应会有所不同，使用的激素种类和浓度不能一概而论。此外，在培养过程中，应根据不同的马铃薯茎尖组织生长发育类型，改变生长调节剂的浓度及处理时间，结合适宜的培养条件才能提高茎尖成活率。目前用得较多的激素主要有 2，4 - D、6 - BA、NAA、KT、GA、CCC、Pix、PP33、B9、IAA、ZT 和 S3307。

Morel（1964）的试验表明，在培养基中添加一定量 GA，能促进茎尖生长。加入 GA_3 后生长加快，但当长到 4~5mm 后生长便停止了，除非有高浓度的钾和铵。少量的细胞分裂素有利于茎尖成活，常用的细胞分裂素类物质为 6 - BA，浓度为 0.5mg/L 左右。常用的生长素类为 NAA，可促进根的形成，浓度范围为 0.1~1.0mg/L。由于不同的品种对生长调节剂的反应不一样，所以应结合培养条件进行具体的操作。

（七）茎尖组织培养脱毒的注意事项

（1）剥取的茎接种后生长锥不生长或生长点变褐色死亡。这是因为剥离茎尖时生长点受伤，接种后不能恢复活性而死亡。所以剥离茎尖一定要细心，解剖针尖不能伤及生长点。

（2）在培养过程中，茎尖生长非常缓慢，不见明显增大，但颜色逐渐变绿，最后形成绿色小点。这主要是 NAA 浓度不够或温度过低，或培养湿度低所造成，所以应转入 NAA 的量加大至 0.5mg/L 以上的培养基上培养，并把培养室的温度提高至 25℃左右，以促进茎尖生长。

（3）生长锥生长基本正常：在正常的情况下，接种茎尖颜色逐渐变绿，基部逐渐增大，有时形成少量愈伤组织，茎尖逐渐伸长，大约 30d，即可看到明显伸长的小茎，叶原基形成可见的小叶，这是因为各因子都很合适，这时可转入无生长激素的基本培养基中，并将室温降到 18~20℃，茎尖继续伸长，并能形成根系，最后发育成完整小植株。

（4）茎尖太大，脱毒效果不好，茎尖太小，成活率降低：

茎尖愈小，形成愈伤组织的可能性越大，分化成苗的时间越长，一般要经过4~5个月。切取的茎尖0.2~0.3mm长时，分化成苗的时间大约3个月，但因品种不同而有很大的差别，有的需经过7~8个月成苗。更应该注意的是，形成愈伤组织后分化出的苗，常常会发生遗传变异。这种茎尖苗应通过品种典型比较，证明在没有变异时才能按原品种应用。

二、微型薯的脱毒繁育

（一）脱毒微型薯的常规繁育

微型薯又称为试管薯，是直接由试管苗长出的"气生"薯（即直接从叶腋中长出的小块茎）。在无菌设备以及一定的培养条件下，试管薯可以周年生产，还不用考虑病毒侵染问题。微型薯的优点是既方便种质资源的保存与交流，又能当做繁殖原原种的基础材料，收入良种繁育系统；其缺点是薯块个头太小，要在网棚中扩繁一次，无法直接进行大田生产。

1. 生产微型薯必要的条件

（1）黑暗培养室：培养室的大小可以依据试管薯的生产量和生产单位来进一步确定。比如，$20m^3$ 的黑暗培养室里应有换气扇、空调、培养瓶摆放架，房顶要有照明用日光灯、消毒杀菌用紫外灯以及检查时要用到的绿色安全等设施。

（2）低温储藏室：可在200t的储藏窖里选一个 $8m^3$ 的小窖来储藏试管薯，将储藏架放于窖内，用塑料保鲜盒存放试管薯，为了方便取试管薯，给每个保鲜盒、试管架都分别编号。

2. 微型薯生产的主要技术要点

（1）母株培养：为了诱导结薯时方便地更换培养基，用液体培养基培养，常用的培养基是 MS 液体 +0.5% 的活性炭。以下是具体操作。

①装瓶。分别在干净的三角瓶（小型果酱瓶也可）里放入配好的培养基，每瓶6~8ml，然后用封口膜进行封口，并放到

消毒室等待消毒。

②高压消毒。在高压灭菌锅里放入三角瓶，在 120~124℃ 温度下加热 20min，停止加热 20~30min 后取出三角瓶，冷却备用。

③剪切试管苗。将试管苗的基部、顶芽在无菌环境中（超净工作台）剪掉，剪成有 4~6 个节或叶片的茎段，放在消完毒待用的三角瓶中，每瓶放 5~6 个茎段，仍用封口膜封口。可以将剪掉的顶芽接入另一三角瓶中进行培养，每瓶放 5~6 个顶芽，这对瓶内苗的同步生长有利，然后将苗瓶拿到组培室培养。由于采用浅层液体静止培养，因此接种时要细心接放试管苗茎段，为防止培养液浸没茎段而使其窒息死亡，要小心操作，尽量不要有强烈运动。

④苗瓶管理。放苗瓶的组培室的要求是湿度 75%~80%，日温 22~25℃ 夜温 1d 光照不少于 16h，光照强度为 2 000~3 000lx。一旦发现有瓶子被污染，须马上移出培养室。25~30d 后每个茎段的叶腋处长出的小苗有 4~6 片叶时，就会成为一株茎秆壮实、根部发达、叶色鲜艳的壮苗，这就是母株，此时便可以开始诱导结薯。

（2）诱导微型薯：如果生产试管薯的条件完备，一年四季都能进行。不过在二季作地区，夏季高温高湿时期温室或网室里的温度基本高于 30℃，此时栽移或扦插试管苗都是不合适的。不过可以将试管苗的培养转入生产微型薯，就是在室内利用试管苗进行短光照暗培养处理，调整完培养基就可以对试管薯进行诱导。虽然试管薯非常小，但是能代替试管苗栽培，另外生产出的是和试管苗质量相当的无病毒薯块。这样在二季作地区就能将试管苗培养和试管薯生产结合在一起，轮流进行。一整年连续地生产试管薯、试管苗，十分有助于加速无毒种薯的生产。

国际马铃薯中心诱导试管薯的经验显示，开始依然用 MS 培养基生产脱毒苗，然后分两步诱导微型薯。

首先，培育健康的试管苗。越是粗壮的试管苗，结出的试管薯越大。在绝对遮光条件下生长的暗培养植株无法进行光合作用，而是将试管苗本身贮存的养分转为小块茎。培养壮苗时切除脱毒苗的基部和顶部，在液体培养基中培养长到 3 ~ 4 节的茎段。液体培养基的成分为 MS、6-卞基腺嘌呤（6-BA）0.5mg/L、赤霉素 0.4mg/L、2.5% 蔗糖，或者是用 MS、6-BA 1mg/L、0.15% 活性炭、萘乙酸 0.1mg/L 以及 3% 蔗糖，这两种配方都不要加琼脂，在三角瓶里进行浅层液体静止培养。培养室温度在 20 ~ 25℃，每天光照 16h，光照度要高于 2 000lx。3d 后茎段就能长出腋芽，约过 4 周，瓶里会长满小苗，这时就能进行暗培养。

其次，可在生长箱中诱导试管薯的暗培养，也可在有空调的暗室或用黑膜特制的隔离间进行。暗培养使用的培养基的成分为：MS、6-BA 5mg/L、矮壮素 500mg/L 和 8% 蔗糖，或者再加入 0.5% 活性炭。氢离子浓度是 1 585nmol/L（pH 值为 5.8）。

为避免受到污染，暗培养过程中更换培养基要在无菌室进行，倒掉原液培养基，将诱导培养基倒进去。封口后放入暗培养室中培养。保证暗培养室的温度在 18 ~ 20℃，通常培养 5d 就会出现试管薯。过 8 周就可以收获。将 4 ~ 5 个茎段放在 250ml 的三角瓶里，每瓶可生产 30 ~ 60 个微型薯。微型薯由腋芽形成，结薯的数量、薯块的大小、苗的健壮程度与品种相关。通常微型薯的直径为 5 ~ 6mm，大者 7 ~ 8mm，小者 3mm；每块重 60 ~ 90mg，小者 40 ~ 50mg，大者超过 50mg。早熟品种的微型薯休眠时间比大田生产的块茎多 30 ~ 45d。国际马铃薯中心报道称，将收获的微型薯贮存在环境中，全黑暗培养的薯块的平均自然休眠期约为 210d，而经 8h 光照处理的微型薯的平均自然休眠期是 60d，不同品种差异很大。

（3）收获微型薯：在收获试管薯时应该用自来水洗 3 ~ 5 次直到黏在试管薯上的培养基完全干净，将洗净的试管薯置于散射光条件下，干燥后再储藏。在操作时要轻拿轻放，以防止撞伤薯皮。由于试管薯的诱导培养基含很多糖，试管薯收获之后脱离了无菌环境，细菌、真菌很容易侵染，而洗净黏在试管薯上的培养基，可以减少感染，防止试管薯发生烂薯现象。

（4）储藏微型薯：将保鲜盒编上号码并放入干燥的试管里，然后放到窖里面的储藏架上，保持窖内温度 3～4℃。如果生产的试管薯量不多，也可以保存在冰箱的冷藏室内，这样能保证的储藏温度。

3. 马铃薯微型薯栽培技术

通过诱导试管苗叶腋而生成的小块茎就是试管薯，直径通常为 2～10mm，重约 0.5g。试管薯有大种薯的生长特性，可以发育成健壮的植株。试管薯在繁殖期间杜绝了外来病菌的再次侵染，使脱毒种薯的种性得到提高，增产潜力很大，所以实用价值非常大。试管薯体积小、营养少，有严格的生长发育的环境条件，应当提前培育壮苗，精细整地，保证墒情，进行科学管理，这是栽培试管薯的关键。

（1）整地施肥：合理施肥，精细整地。在整地的时候要进行深耕，使土壤变疏松，一亩地施 5 000～6 000kg 的农家肥、50kg 磷酸二铵、50kg 硫酸钾和 500g 防治地下害虫的辛硫磷，耱细耙平。

（2）薯床培育壮苗：

①催芽。试管薯有较长的休眠期，为保证出苗整齐，应在育苗前 40d 从储藏室将试管薯取出，用 0.5～1mg/L 的赤霉素浸种，10min 后捞出晾干，放在 18～20℃环境中催芽，当小芽长到 2～7cm，已形成根原基、叶原基和匍匐茎原基时开始育苗，此种试管薯出苗快、根系发达、生长健壮。

②育苗。在合适的气温下于网室里进行育苗，按比例把草土灰、泥炭土、蛭石、硫酸钾、硝酸磷和适量多菌灵混合，制成营养基质，放进苗盘（60cm×24cm×6cm）里，保持 5cm 的厚度，水要浇透，水渗进去后，将试管薯以 2.4cm×6cm 的行距摆于苗盘里，盖厚度为 1cm 的营养基质，轻浇水，建小拱棚，

上覆膜，确保苗床内高温高湿，以尽可能使苗出全。

③苗期管理。播种之后，白天将苗床温度控制在25~28℃，晚上在15~18℃，超过80%试管薯出苗后，白天开始通风，先从背风一侧的苗床中央通小风，然后逐渐过渡到在两侧通大风。为了培育壮苗，要少浇水、轻浇水，见干见湿地浇，在苗高5~6cm，有4~5个叶片时准备定植。定植前3~4d揭掉薄膜炼苗，以便其植后可以适应网室环境，快速生长。

（3）网室移栽定植：

①移栽定植。通常在晚霜后的5月中下旬，地温有6~8℃就能移栽定植。将尼龙纱网铺在整平的土地上，在纱网上铺厚为7~8cm的营养基质，将水浇透，定植行距为20~25cm，株距为10~15cm，将苗压实、轻度浇水，因为蛭石有较大的孔隙，水蒸发得快，因此在苗还没有成活的时候，晴天10时30分至15时应挂遮阳网，以降温保湿，提高移栽成活率。

②管理。苗刚成活的时候很弱小，应当细心护理，调节温湿度，定时清除杂草，促进其生长发育，苗不断长高后，要分次培土（蛭石），每次培土埋1~2个节间，总共培3~4次，使结薯层次得到增加。依据苗情合理追肥，地下块茎在6月下旬开始膨大，每过7~10d施1次肥，可用0.5%的磷酸二氢钾和1.5%尿素溶液进行叶面喷施4~5次，来满足植株的需肥量，避免植株早衰。

（4）化学调控：植株在7月上旬生长很快，这时可以施用多效唑防止植株徒长，每亩用15%多效唑可湿性粉剂60g对65kg水喷洒叶片，控制地上植株茎叶的生长，使地上部分的光合产物迅速朝地下块茎转移，以使块茎膨大，增加产量。

（5）防治病虫害：在移栽成活后的20多天，应当防止发生早、晚疫病和蚊虱类害虫、蚜虫，一旦发现有中心病株，要立刻拔除并放进塑料袋带出网室进行深埋。

（6）适时收获：为了减少病毒侵害，提高使用价值，可以适时提前收获，收获期是茎叶开始泛黄时。在收获后，放在温度为、空气相对湿度为 60% ~ 70% 的环境中，5 ~ 7d 后，开始分级整理，装袋储藏。

（二）脱毒微型薯的工厂化生产

1. 生产设备

要在试管苗快速繁殖的基础上进行试管薯工厂化生产，除了要有试管苗生产设备外，还要加一间低温藏室、一间黑暗培养室。

（1）黑暗培养室：其大小根据试管薯的产量决定。年产约 50 万粒试管薯的工厂，通常用约 $10m^2$ 的培养室就够了。室内要有空调和货物储藏架，房顶安装照明用日光灯和检查时要用到的安全灯。培养室保持 16 ~ 20℃，保证通风透气，以便形成大薯。

（2）低温储藏库：此库有 $3m^2$，里面放有多层藏架，还要配有用于存放试管薯的塑料保鲜盒，储藏架和各层保鲜盒都要编号，以利于取试管薯时查找。

2. 试管薯生产工艺流程

对试管苗进行脱毒→筛选试管苗株系（将弱株系淘汰）→培养母株 25d（使用液体培养基）→换入诱导结薯培养基→诱导匍匐茎 2d（光照培养）→收集并储藏→应用。

3. 工艺要点

（1）筛选试管苗：要挑选生长势好、薯块大且结薯时间早的茎尖无性系试管苗。

（2）培养健壮的试管苗：培养茎粗壮、根系发达、叶色浓绿的健壮试管苗，才能收获优质高产的试管薯。培养出健壮母株的基础是选择适合的壮苗培养基，将 0.15% ~ 0.5% 的活性炭加入培养基，可以使细弱的试管苗复壮，植物生长调节剂可促进形成壮苗。调整培养基的成分，可以促进形成健壮的试管苗。根据报道，将 1mg/L 多效唑、0.7mg/L 赤霉素和 0.2mg/L 6-BA 加入 MS 培养基，可以得到健壮的马铃薯试管苗。

（3）试管薯母株培养：去掉有 1~2 个茎节的试管苗的顶芽，然后小心接种于液体培养基上，试管苗茎段浮在培养基表面静止培养，切勿振动培养基，以防培养液淹没茎段导致茎段窒息。过 3~4 周，每个茎段长成为 5~7 节的粗壮苗，此时，放到诱导结薯培养基中。培养母株要求培养室温度白天为 23~27℃，夜间为 16~20℃，每天光照 16h，光强度 2 000lx。为了方便气体交换、形成壮苗，要选择透气性好的培养瓶瓶塞。每瓶 100~250ml 的培养瓶装 15~25 株。培养母株通常要 25d。

（4）适合试管薯诱导的培养基：国际马铃薯中心建议使用的培养基是：MS + 6-BA 5mg/L + 蔗糖 8% + 矮壮素 500mg/L。其中试管薯诱导过程中必不可少的条件是高浓度的蔗糖（6%~10%），因为蔗糖可以调节渗透压，还能提供足量的形成块茎时需要的碳源。

（5）诱导结薯培养：在超净工作台上去除壮苗的培养基，然后换入试管薯诱导培养基，为促使形成匍匐茎，在光照条件下培养两天，然后转到黑暗环境中培养诱导结薯。经过 3~4d，试管内开始形成试管薯。黑暗培养温度为 16~20℃，要保证暗室的空气流通，使块茎发育。

4. 防治病虫害

生产微型薯的时候容易出现晚疫病，其高发期是阴雨天气，可用瑞毒霉药剂进行预防。

为防止进入蚜虫，每隔固定时间喷 1 次抗蚜威溶液，也可用 40% 乐果乳剂 2 000 倍稀释液喷雾防治蚜虫。

5. 及时收获

马铃薯种苗在扦插苗生长 45~60d 之后进入生育后期，这时种苗发黄，营养生长变慢，因此停止供应营养液和水分，以使薯皮老化，待茎叶变黄时就能收获。收获时先拔起植株，摘下微型薯，而后筛掉苗床中的基质，收获所有薯块。每次每平方米可以收 400~500 粒。一年可生产 4~5 批，共收 1 600~

2 000粒微型薯，每亩年产80万～100万粒。

6. 储藏及催芽

新收微型薯含较多水分，要在阴凉处晾干，按照10g以上、5～10g、1～5g和1g以下分为4个级别，装到布袋、尼龙袋等透气的容器中，分别储藏。

微型薯在收获后进入休眠状态。其休眠时间因品种不同而不同，通常为110d。如果在储藏期发现微型薯萌芽，应从容器中将微型薯取出，在室内摊开，用散射光控制芽徒长。在储藏过程中，为了让微型薯均匀受光，要进行几次倒翻。也可以在4℃的环境中储藏微型薯，在种植前1～2个月取出来，在室温下使其萌芽。用低浓度的赤霉素溶液处理微型薯，可以打破其休眠。可以用10～20mg/L的赤霉素浸泡新收微型薯5～10min，可以加速微型薯的发芽。

（三）脱毒微型薯的雾培繁育

20世纪60年代末期，雾培技术第1次在园艺作物栽培上研究成功。1988年美国的Boersig等最先将此技术用于马铃薯种薯的繁殖。韩国的Kang在1996年第一次做了成功的报道，他们将改良的雾培方式和深液流、浅液流两种无土栽培方式做了比较试验，结果显示，无论是深液流还是浅液流，其匍匐茎的生长都远不如雾培，块茎也不如雾培长得快。现在，对雾培微型种薯的研究走在世界前沿的是韩国，单株微型小薯可产80～100粒。国内有关雾培微型种薯繁殖的研究从20世纪90年代末开始，尹作全等在1999年首先做了报道，不管是根系发生、匍匐茎形成，还是结薯数量，雾培微型种薯繁殖都比无土基质栽培有很大优势，微型种薯繁殖系数提高约20倍，产量超过5倍。之后我国开始大量研究微型种薯雾培繁殖技术，还应用在了生产中。

马铃薯脱毒微型薯雾培技术通过营养液定时喷雾，使植株根系在黑暗、无基质环境中获得生长用到的养分、水分。此法可在保护植株的同时，人为调节马铃薯生育需要的条件，以便植株快速生长，可大幅度提高繁殖效率，还能依据所需种薯的规格，随时采收达到标准的块茎。此栽培方式不但能解决生产马铃薯原原种时遇到的气候和地域问题，还能实现周年生产，是目前马铃薯脱毒种薯生产领域具有很高研究价值和发展潜力的一项生产技术。

1. 雾培生产设备的调试和准备

（1）生产设备的安装与调试：雾化喷头、栽培槽、定时器、水泵、压力表、电磁阀、过滤系统、流量计、贮液池和输液管道构成了完整的雾培装置。各地依据不同的环境条件进行建设。安装完整个设施设备后，必要运行整个系统，以确保有个稳定的生产过程。

（2）栽培设施的灭菌消毒：定植前要将雾化设施和生产线彻底消毒灭菌。消毒灭菌的范围是：营养液池、进水及回水管道、支撑薯苗用的海绵、栽培及收获用具、结薯箱及盖、避光用的黑膜以及温室环境等。灭菌消毒的方法是：首先清除箱体和营养液池里的残留物，尤其是箱体内前茬留下的残枝败叶，要在保护地之外烧毁或深埋；然后清除所有可能带病的位于保护地周围的东西，将清水放入营养液池内，开动防腐泵清洗箱体及流水线；最后用 0.1% 的高锰酸钾溶液喷雾或浸泡 30min，再用 20mg/L 的农用链霉素溶液泡 24h 或喷液，用速克灵烟雾剂在定植前 2d 熏蒸温室，时间约为 8h。

2. 育苗

（1）试管苗移栽：锻炼过的试管苗可利用育苗盘在温室移栽，盘内营养基质厚 6~8cm，按 5cm 的间距开浅沟，高度小于 4cm 的苗可以直接栽入，高度大于 5cm 的苗分成两段，使每个茎段上有超过 3 个茎节，深栽大苗，浅栽小苗，埋土后露出土表 1~2 茎节，育苗密度为 5.0cm×2.5cm。栽入后使用出水量较少的细眼喷壶浇在室内控过 1d 的水，然后在育苗盘上扣高

25～30cm 塑料地膜，用以保湿。

（2）育苗管理：定植时，脱毒苗苗龄的大小、生长状态对植株的生长、产量的形成影响较大，培养适龄壮苗是育苗期间的管理重点。移栽的试管苗较细，新根系长出来之前要求的空气湿度较高。另外，冬季育苗还要适当提高温度，以便缓苗发根，栽后覆盖地膜拱棚就能起到保湿、增温的作用。夏季育苗与冬季不同，太高的气温对同化产物的积累不利，会影响成活率，因此要降温，常用方法有通风和遮阴。

育苗期白天的适宜气温是 20～28℃，夜晚是 8～19℃。依据实际情况，白天将温度控制在 20～30℃，晚上 10～15℃。对幼苗生长没有显著的不良影响。在光照管理方面，冬季育苗不用遮阴，夏季则早、晚均可见光。要在中午前后进行遮阴，以降低温度，合理延长光照对幼苗发根和生长有好处。通常冬夏两季育苗在栽后第 2d，土表上的茎节就能长出气生根，依据幼苗的生长情形，在以后第 3～4d 于拱棚一端开一个通风用的小口，然后每天加大一点，使其慢慢适应温室的环境，直到栽后第 6天幼苗成活时将拱棚撤掉。从幼苗成活到定植这一段时间，为了加速生长，培养壮苗，遵循施肥控水的原则。通常营养基质育苗不用追肥，只要定时浇水就行。要控制在水分管理，预防幼苗徒长，但不能太缺水，要使营养基质处于潮湿状态。当育苗苗龄在 20～25d 的时候，就可以进行定植。

3. 雾培定植及雾培生产期管理

（1）**雾培定植：**雾培定植的适宜秧苗苗龄是 20～25d，株高约 10cm。苗龄不足和植株矮小的苗，发棵迟、生长缓慢、结薯晚、产量少。植株、苗龄过大的苗，不但起苗之后损伤根系，定植后易萌发腋芽薯，而且其在育苗期间形成的匍匐茎已开始结薯。在栽培时，植株的同化产物供应薯块，抑制了匍匐茎的形成和根系的生长，对植株的发棵、结薯均造成影响。所以，定植时的苗株要大小适宜。植株在雾培条件下是否容易产生腋芽薯，不同品种有较大差异，在栽培管理时尤其注意。

为了不使植株太脆嫩，在起苗时伤苗，要在定植前三天停止对薯苗进行浇水。定植前在室内洒水，增加空气湿度，还要覆盖遮阳网，预防强光和高温。薯苗起出后用水将根部的营养土洗净，将个别植株上的小块茎摘掉，在栽培板面上留3叶1心或者4叶1心，1个定植孔植入1株，并根据每个栽培槽的可定植苗数，在其一端定植双株，多备几株补栽用苗。定植时要随起随栽，若一时栽不完，就用湿毛巾盖住，以防失去水分。

（2）生产期的管理：

①剪切匍匐茎茎尖加快结薯数量的增加。根据结薯箱可随时打开的客观条件，选择比较粗壮的匍匐茎，剪掉顶端1~2cm，诱使萌发1~3条新匍匐茎，可以提高单株结薯量，不过剪后生长的匍匐茎比原来的细弱，小薯也较小，因此下一步应重点提高小薯质量。

②喷施矮化剂促进生长与生殖。假如控制不好生长平衡，植株开始徒长，可以喷缩节胺、B9或多效唑等矮化剂，结薯后期同时喷0.3%~0.5%的磷酸二氢钾和1 500倍的多效唑，可使营养往下运输速度加快，缩短膨大天数，提高产量、质量，有较好的效果。

③适宜的温度、光照管理保证薯苗正常生长结薯。马铃薯的最适生长温度为7~21℃，最适宜进行光合作用的温度为16~20℃，形成小薯的最佳温度是15~18℃，如果高于21℃，加快营养生长，匍匐茎生长快，抑制小薯生长，小薯形状就会不整齐，颜色也不佳。通常幼苗期的温度白天是18~20℃，夜晚是15~18℃，光照时间12~14h，光照度约为30 000lx；发棵期温度白天是18~25℃，夜晚是15~18℃，光照时间12~14h，光照度30 000~40 000lx；膨大期温度白天为20~25℃，晚上最佳为13~14℃，光照时间8h，光照度30 000~40 000lx。要适当启动通风、供暖和光照设施，创造适宜的温度条件，使薯苗能正常生长。

4. 营养液管理

作为雾培管理的重要工作，营养液管理包含配方管理及使用管理。从定植开始脱毒苗就会从营养液中获得水分、养分，其组成比例与使用管理对植株的生长发育、产量有直接影响，甚至决定了雾培的成败。

（1）配方管理：配方中要有比较大的钾氮比，因为马铃薯喜钾多。现蕾前茎叶生长是中心，氮占的比例稍大些；现蕾后结薯是中心，磷、钾比要相对高些。因为各地的水质差别很大，所以确定配方后应先进行试验，或者和成功配方相比较，然后再用作生产。

（2）浓度管理：马铃薯使用约0.2%的盐分浓度比较适宜。据此，将营养液的配方浓度定为0.21%。在不同的生育阶段选用不同的浓度：定植浓度为配方的1/3，还要加入0.2mg/L的NASA，以促使幼苗发根。随着幼苗的长大和根系的增多，营养液浓度可逐渐由1/3增加到1/2、2/3，每种浓度可使用5~7d，最后到达标准配方的浓度。培养季节不同，营养液的浓度管理也多有不同，春茬栽培后期（夏季），因为气温不断升高，植株吸水量变多，为防止营养液浓度变高，可使用配方浓度的5/6。营养液浓度改变的只是大量元素，不改变微量元素的用量，这是为了防止引起微量元素缺乏症。

（3）酸碱度管理：在雾培条件下，马铃薯的适宜pH值为5.5~6.5，这个范围内的营养液中各种营养成分有较高的有效性。pH值不论是太高还是太低，都会改变盐类溶解度，降低某些元素的有效性，以至于影响植株的吸收。如pH值低于5.5会使钙沉淀，配制营养液时可以看到溶液为乳白色浑浊状态，若pH值的范围正常，营养液会是澄清透明的。可以使用氢氧化钾和硫酸调节pH值，具体做法是：取一定量的营养液，逐滴加入浓度已知的酸或碱，pH值满足要求后，依据用量计算全部营养液要用多少酸或碱。配制营养液时控制pH值约为6，使用中其变化幅度在0.5以内，可不必调整。

（4）营养液的供给及间歇：营养液供应时间的长短，要考虑的因素有薯苗大小、温度高低、有多少根系、光照强度、昼夜变化和天气阴晴等，既要适于薯苗生长，还要经济合理，防止因无谓消耗产生浪费。通常情况下，温度低、薯苗小时，宜短时间供应；反之亦然。薯苗根系数量多时，可对应地减少供应时间；反之，则要适当加长。在温度白天为 18~22℃、夜间 14~17℃ 的情况下，供应暂停时间是白天 10min、夜晚 40~50min，此条件下产生的商品薯的量比白天暂停 3min、夜晚暂停 20min 的要高很多，而且还减少了烂薯现象。

5. 病虫害的例行预防

（1）预防虫害：繁育脱毒良种最开始的播种材料是由雾培法生产的脱毒微型薯，应在封闭、防虫条件下生产，还需严格防止病毒的再次侵染。蚜虫不仅是马铃薯病毒的主要传播媒介，还是雾培生产中容易产生的虫害。另外，潜叶蝇、白粉虱和螨类等比较容易出现，其中不能确定潜叶蝇是否传播病毒，其余两种均能传播病毒。为保证原种质量，整个生育期间都要定期打药，例行预防工作，使植株在整个生育期都不受蚜虫的为害。

可根据外界蚜虫发生时间预防蚜虫，在整个生育期，每7~20d 喷施 1 次杀虫剂。轮换使用成分不一样的药剂，可选用的药剂有绿定保、一遍净、杜邦万灵和敌敌畏烟剂。

可在春末至晚秋这一易发时期预防螨类、白粉虱和潜叶蝇，混合或交替使用预防药剂与防蚜药剂。因为这种害虫世代重叠，一个时期存在多种害虫，现在还没有对各种害虫都有效的药剂，所以一旦出现病害，必须连续用药，通常每隔 1~2d 施 1 次药，交替使用水剂和烟剂，直到杀干净。可使用的杀虫剂有敌敌畏烟剂、阿威力达等。

（2）病害预防：马铃薯雾培生产时主要有晚疫病、猝倒病和软腐病等易发病害，防止病害发生的关键是做好预防工作。

晚疫病的发生时期是秋茬夏季育苗到秋茬定植初期。从育苗成活到定植后的 30d 里，每半个月打 1 次药，还要交替使用成分不同的药剂。可选用药剂有克露、福美双、科佳、甲霜灵锰锌和杀毒矾等。

猝倒病发生的时期是秋茬夏季育苗期，病原菌经过土壤进行传播。对育苗基质进行消毒，差不多能够杜绝该病的发生。猝倒病是真菌性病害，在育苗期间喷的预防晚疫病的药剂，同时也能预防猝倒病，通常不用再打药。

软腐病发生的时期是种薯的采收期，常在气温和营养液温度较高时发生，发病最重的时期是春茬采收后期，主要为害匍匐茎和块茎，还易从块茎的皮孔及匍匐茎的伤口处侵入。病原菌跟随着营养液循环，传播非常迅速，只要发病就很难控制。所以在种薯的采收期特别是气温和营养液温较高时，应认真检查，一定要除净栽培槽内与植株脱离的残体，只要发现块茎、匍匐茎有溃烂的倾向，马上要施药。可用药剂有链霉素，每毫升营养液中加入 10mg 即可。使用这种用药方式和浓度，基本可以杜绝病害的发生。

6. 收获

春茬定植后约 45d、秋茬定植后约 55d 就进入了种薯采收期。开始采收的早晚除茬次不同外，同茬内基本没有品种和熟性的差别。分次收获种薯，要根据要求确定采收标准，只要薯块经目测能达到重量标准，就要及时采。采收时应当小心操作，尽可能不伤害匍匐茎和没达到标准的薯块，碰掉的也应当及时捡出，以免腐烂后污染营养液。

收的种薯含水量大，薯皮很嫩，要在散射光或室温条件下平铺一层块茎，晾晒约 7d，待薯块变绿、薯皮木栓化后，再根据播种时期的需要，进行常温储藏或冷藏。

三、种薯的脱毒繁育

（一）各级脱毒种薯的生产

各级种薯生产的基础就是脱毒苗。脱毒苗已经脱尽所有病毒，在脱毒种薯继代扩繁时，应当通过有效途径，防止病毒的再次侵染。

1. 脱毒原原种生产

在气温相对较低的地方建防虫网棚或温室，繁殖材料用脱毒苗和微型种薯，来生产脱毒原原种。生产过程中要去劣、去杂、去病株。此条件下生产的块茎叫做脱毒原原种，按照代数应成为当代。

2. 脱毒原种生产

在海拔高、纬度高、温度低和风速大的地区，与毒源作物有一定距离作为隔离区，减少一些传毒媒介，另外因为风速大而无法使传毒媒介落下，与此同时要按时喷杀虫剂。将原原种作为繁殖材料，必须完全去杂、去劣、去病株。如此生产的块茎，叫做脱毒原种，按代数算是一代。原原种、原种称为基础种薯。

3. 脱毒一级种薯生产

在纬度和海拔相对高、气候较冷、风速较大和传毒媒介少、与毒源作物有隔离条件的地方，用原种作为繁殖材料，生产种薯。在生长季节打药防蚜，去杂、去劣、去病株。如此生产的块茎叫做脱毒一级种薯，依照代数算就是二代。

4. 脱毒二、三级种薯生产

在地势较高、气候冷凉、风速较大、有一定隔离条件的地块，将脱毒一级种薯或二级种薯作为繁殖材料，生产种薯。生产过程中应当尽快灭蚜，去劣、去杂、去病株。如此生产的块茎，叫做脱毒二级种薯或脱毒三级种薯，依照代数算应当分别是三代和四代。以上三个级别的种薯分别是合格种薯、二级种薯和三级种薯，能直接生产大田品种，生产的块茎不可以作为种薯应用。

现在，因为组织培养需要的设备、设施及药品的价格昂贵，使用试管苗剪顶扦插在基质中快速繁殖微型薯原原种，虽然能节约成本，但如果要直接投入生产中，农民依然无法承受。另外，由于生产需要大量种薯，必须用微型薯原原种，在防止病毒和其他病原菌再侵染的条件下，建立良种繁育系统，为生产供应健康种薯。

（二）脱毒原种的繁育

1. 选择原种生产田

要选择纬度高、海拔高、气候冷凉、风速大、交通便利、具备良好防虫防病隔离条件且便于调种的地区作为原种繁殖基地。在没有隔离设施的条件下，原种生产田和其他级别的马铃薯、十字花科及茄科、桃园之间应保持至少5 000m的距离。如果原种田隔离条件较差，要将种薯田设在其他寄主作物的上风头，尽最大能力减少有翅蚜虫在种薯田降落的机会。

要选择土壤松软、肥力优良且排水良好的地块作为原种田。原种田最好有3年以上未种植过茄科作物。

2. 播种

因为微型薯顶土力弱，所以播种之前要精细整地，深耕细耙，打碎土块。播种前人工造墒，以保证耕层土壤在播种到出苗期间有适量水分。在播种完后浇小水也可以。在播种深度上，通常依据的原则是：秋作宜浅不宜深，春作宜深不宜浅；沙土宜深不宜浅，黏土宜浅不宜深；水浇地宜浅不宜深，旱地宜深不宜浅。播种的时候开沟要深，覆土要浅。开沟深度为10～13cm。覆土厚度根据微型薯大小来定，通常情况下，重量低于3g的微型薯，其覆土厚度不要多于5cm；重量在3～10g的微型薯，其覆土厚度为6～8cm；重量大于10g的微型薯，其覆土厚度为11～12cm。种薯生产宜通过增加种植密度来增加结薯数，提高繁殖系数。

3. 田间管理

在大田种植时，因为微型薯种薯的营养体不大，前期生长慢，生于中期接近正常，后期结薯可达到大种薯的产量。所以要加强前期管理，做到早除草、早中耕、早培土，从苗期至现蕾期完成 2 次中耕培土，促使形成块茎，防止产生空心薯和畸形薯。要早追肥，全部磷肥用作种肥或底肥，苗期、花期和后期均以钾、氮肥为主。合理适时灌水，将田间土壤持水量保持在 65%～75%，促使长成壮苗；从开花至收获，完成 2～3 次拔除杂株、病株和可疑株（包含地下株）的工作。

通常原种田从出苗后 3～4 周就开始喷杀菌剂，每周 1 次，直到收获。同时，要依据实际情况喷施杀虫剂来预防蚜虫、其他地上或地下害虫。害虫不但会影响马铃薯的植株生长，还能传播病毒，降低种薯质量，相比而言，后者的为害更大。

一季作区在进行原种繁殖时，要尽可能早种早收。覆膜早播和播种前催芽等早熟栽培方法能够促进植株及早形成成龄抗性，减少病毒感染，降低体内病毒的运转速度。使用灭秧方法早收留种能降低病毒转移到块茎的可能性。国内外研究结果显示，通常认为有翅蚜虫在迁飞后 10～15d 灭秧，可以有效阻止蚜虫所传播的病毒向块茎中转移。

（三）脱毒良种的繁育

良种来自于原种。良种繁育要注意以下几个方面。

（1）做好时间隔离工作，使用种薯催芽、覆盖地膜等措施，以便早出苗、早结薯、早收获，另外还能提前割秧，防止蚜虫为害。

（2）做好空间隔离工作，繁种基地要选择适合、绝对安全的。通常种薯基地应当和茄科作物之间设置距离超过 800m 的隔离带。

（3）2 年进行 1 次轮作。

（4）种植密度要增大，种薯繁育应当在单位面积上收获的薯块量大，而不是每一块重量大，适宜种植密度为 5 000～6 000株/亩。

（5）提倡播种小种薯，这样刀切对病毒交叉感染的现象就能得到缓解。如果切块播种，薯块的重量要超过 30g，而且还要用药剂拌种，通常可用药剂有甲基托布津、滑石粉。

（6）尽快拔除病株，使病毒的侵染源变少。

（7）病虫害的防治方法和原种的一样。

第三节　脱毒种薯分级标准、储藏条件与技术

保证脱毒马铃薯质量的一项基本措施就是种薯的检验与分级。种薯分级的基础就是种薯检验。种薯的分级有固定的标准，与哪一标准相符，就属于哪个级别。

一、种薯生产的检验

生产马铃薯种薯时的检查、检验可以保证种薯质量，主要包括以下 3 个方面。

（1）检验种薯生产地块：质检部门在生产种薯工作还未开始时，要检验播种地块的病虫害情况。主要检验的病虫害包括瘤肿病、环腐病、萎蔫病、胞囊线虫以及甲虫等。只要存在一种病害，就不能用来种植种薯。另外，不可和茄科作物套作、间作或轮作，适宜前作多年生牧草、冬小麦、豆类——谷类混播等。

（2）种薯生育期间的田间检验：通常是目测是否有蚜虫和植株的地上部位感染病毒的情况。依据各级种薯的成熟期决定何时进行田间检验。种薯的级别不同，检验次数也不同，级别高的检验次数就多。通常最少检验 2 次，第 1 次是植株有 6~8 片叶时，假如种薯有毒，病毒症状在这个时候能表现出来，因此能检查出种薯的优劣。第 2 次检查在花期，调查各地块病毒的种类、感染病毒的株数和感病程度，还要算出病情指数。是否按种薯繁殖操作规程生产种薯同样属于田间检验的范畴。

（3）室内的病毒鉴定和块茎抽查：最多是用酶联免疫法检验脱毒试管苗、从田间采集的原原种和原种、易感病毒病和良种的样品以及没有按照要求提早灭秧的各级种薯。

二、分级标准

收获各级种薯后，还要抽样检验块茎的质量，检验块茎的

品种纯度、病虫害率、块茎的机械性、生理伤害性和含有多少杂质。把这个作为依据，来确定各级种薯的质量、等级。检验质量关要严，保证脱毒种薯的质量。

三、马铃薯种薯的储藏

（1）储藏场所消毒：将窖（库）的内壁和地面清扫干净，封闭通风孔和门口，用高酸钾和甲醛溶液进行消毒，每立方米用高锰酸钾 7～10g，甲醛溶液 15～20ml，24h 后打开通气即可。也可用 1%～3% 来苏尔喷洒储藏场所。还可以用生石灰对储藏场所进行消毒。

（2）藏前种薯处理：

①晒种。刚收获的种薯不能马上入窖，应当晒 3～5d，一方面除去表皮泥土，另一方面通过晒种，使表皮变老、变厚、变粗，使得细菌不易侵入，不易在搬运时受创伤。

②分捡。捡出烂薯、破薯，防止带菌的种薯入库。

③药剂拌种。结合后期晒种进行，用广谱性防治细菌性和真菌性病害的药剂，按正常剂量均匀喷洒在种薯表面，要求洒均匀，并晾干。常用的药剂有多南灵·代森锰锌（病克净）加硫酸链霉素、百菌清加硫酸链霉素或噁霜灵加硫酸链霉素。

④合理包装。用能装 25～40kg 的网袋包装，既好堆放，又易搬运。

（3）注意事项：

①合理堆放。按级别堆放，大薯稍高一些，堆高 1.5～2m；小薯低一些，1～1.5m。如按垛堆放，每垛 9～15 袋，一排 4～5 垛，堆 5 排留一走道，便于通风、观察。最大储藏量不能超过窖（库）容积的 2/3，一般 1/2 即可，这样堆放可减少或避免倒窖。

②防止混杂。无论在北方还是在南方地区，农民一般只有一个储藏窖或储藏库，往往将不同品种的种薯和食用商品薯储藏在一起，很容易造成混杂。为了防止混杂，可以将种薯用不

同颜色的网袋包装，最好能在每袋种薯内放入一个简易的标签，写上种薯的品种名称。当一个农户种植一个以上品种时，这种方法尤其重要。

③保持适合的储藏温度和湿度。在北方地区，由于冬季气温较低，要防止种薯受冻害。当最低温度在1℃以下时，关闭所有通气孔，必要时可生火加热或利用其他加热措施，也可在薯块表面盖草帘，以缓冲上下温差，防止薯块表皮"出汗"，注意观察窖内温度，窖顶有水珠但未结冰即可。在南方地区，由于藏期间温度过高，种薯容易发芽，加上湿度过大，种薯容易腐烂。马铃薯种薯最佳的储藏温度是在4℃左右，湿度在85%~90%。

④防止储藏期间的病虫害。在种薯入窖前应确认所保存的种薯不带活虫，特别是金针虫等。在出害前，如果种薯已萌芽，还要防止蚜虫的为害，如果窖内存在活动的蚜虫，它们同样可以起到传播病毒的作用。

⑤防止与带病的商品薯接触。在搬运和倒窖（倒库）时，应避免种薯和商品薯接触，以避免商品薯所带的病毒侵染种薯。种薯存放位置应当相对独立，保证搬运商品薯时，不易接触到种薯。

第九章　经营管理常识

第一节　加工与市场销售信息

一、马铃薯加工常识

（一）马铃薯加工对原料的要求

绿色食品马铃薯加工用的块茎不仅要来自专用品种，还要求其生长区域内没有工业企业的直接污染，水域上游、上风口没有污染源对该区域构成污染威胁。该区域内的大气、土壤、水质均符合绿色食品生态环境标准，并有一套保证措施，确保该区域在今后的生产过程中环境质量不下降。具体要求如下。

（1）同一种原料中不得既有获得绿色食品认证的产品，又有未获得绿色食品认证的产品。

（2）已获得绿色食品认证的原料在加工产品中所占的比例不得少于90%。

（3）未获得绿色食品认证、含量为2%~10%（食盐5%以上）的原料，要求有固定的来源和省级或省级以上质检机构的检验报告，原料质量符合绿色食品产品质量标准要求。但食品名称中的修饰词（不含表示风味的词）成分（如西红柿挂面中的西红柿），必须是获得绿色食品认证的产品。

（4）加工用水应符合《绿色食品加工用水质量要求》中的要求。

（5）食品添加剂应符合《绿色食品食品添加剂使用准则》（NY/T 392—2000）要求。

（6）未获得绿色食品认证、含量小于2%（食盐5%以下）的原料，如部分香辛料、发酵剂、曲料等，应有固定来源且达到食品级原料要求。

（7）禁止使用转基因品种。

绿色食品马铃薯加工，首先要求加工原料的生产条件必须符合绿色马铃薯生产的技术要求，其次是加工目的不同对原料的要求也不同。如生产马铃薯淀粉，要求马铃薯块茎的淀粉含量要高，块茎耐储藏，抗病害的稳定性要高。淀粉加工对马铃薯块茎的主要质量要求为：块茎完整、干燥无病、不发芽，块茎的最大断面直径不小于30mm，淀粉含量大于18%，发芽的绿色块茎量不大于2%，有病的块茎量不大于2%，块茎上的土小于1.5%。此外，不允许有腐烂、枯萎、冻伤、冻透的块茎存在。

加工油炸马铃薯片对马铃薯原料的要求高，对薯块的外观要求为：薯块外径40～60mm，形状规则；白肉，芽眼浅；缺陷、病害和损伤要尽量少。若薯块组织受到损伤，则在操作部位会发生褐变，导致组织出现蓝色至灰黑色的变色现象。对薯块的质量要求是：薯块中干物质的含量以22%～25%为宜（若薯块中的干物质含量高，则油炸薯片的含油量就较低，成品所需蒸发的水分也较少。但薯块中干物质的含量过高容易导致薯块产生黑斑，炸成的薯片也较"硬"，质量变差），龙葵素的含量不超过0.02%，还原糖含量在0.3%以下。油炸马铃薯片对还原糖含量的要求最为严格，若还原糖含量高，则在油炸过程中还原糖和氨基酸会发生美拉德反应，导致产品发生变色现象，由此而引起成品变味，使成品的质量严重下降。马铃薯中的还原糖含量与马铃薯的品种、收获时的成熟度、贮存的条件如温度、时间等因素均有关系，一般贮存时间越长、贮存温度越低，还原糖的含量就越高。因此，原料贮存也很重要，一般采用6～12℃的温度贮存。

（二）马铃薯加工对加工环境的基本要求

1. 对厂区周围大气环境的要求

产地周围5km内或上风向20km内有工业废气排放，或3km

内有燃煤烟气排放时，须着重监测，不得污染农作物。

2. 对加工场地环境的要求

首先要考虑绿色食品加工场地周围是否存在污染源。一般要求绿色食品企业远离重工业区，必须在重工业区选址时，要根据污染范围设 500 ~ 1 000m 的防护林带。在居民区选址时，500m 内不得有粪场和传染病医院，25m 内不得有排放毒物的场所及暴露的垃圾堆、坑或露天厕所。除了距离上有所规定外，厂址还应根据常年主导风向，选在污染源的上风向。

此外，还要防止加工对环境和居民区的污染。一些食品企业排放的污水、污物可能带有致病菌或化学污染物，污染居民区。因此，屠宰厂、禽类加工厂等单位一般要远离居民区。其间隔距离可根据企业性质、规模大小，按《工业企业设计卫生标准》的规定执行，最好在 1km 以上。其位置应位于居民区主导风向的下风向和饮用水水源的下游，同时应有"三废"净化处理装置。还要注意满足企业生产需要的地理条件，如地势高燥、水资源丰富、水质良好、土壤清洁、便于绿化、交通方便等。

3. 对设施的要求

加工用的各部分建筑物，如原料处理、加工、包装、贮存场所等，要根据生产工艺顺序，按原料、半成品到成品保持连续性，避免原料和成品、清洁食品和污物交叉污染。锅炉房应建在生产车间的下风向，厕所应为便冲式且远离生产车间。

食品车间必须具备通风换气设备，照明设备，防尘、防蝇、防鼠设备，卫生通风设备，工具、容器洗刷消毒设备，污水、垃圾和废弃物排放处理设备等。

需要注意的是，若加工企业既生产绿色食品又生产非绿色食品，则在生产与贮存过程中，必须将二者严格区分开来。例如用专用车间、专用生产线来生产、加工绿色食品，库房、运输车也须专用。总之，绿色食品与非绿色食品必须严格区分，不能混淆。

4. 对设备的要求

不同食品，加工的工艺、设备区别较大，所以对机械设备材料的构成不能一概而论。一般来讲，用不锈钢、尼龙玻璃、食品加工专用塑料等材料制造的设备都可用于绿色食品加工。

加工过程中，使用表面镀锡的铁管、挂釉的陶瓷器皿、搪瓷器皿、镀锡铜锅及用焊锡焊接的薄铁皮盘等，都可能导致食品含铅量大大增高，从而导致铅污染。特别是接触 pH 值较低的原料或添加剂时，铅更容易溢出。铅主要损害人的神经系统、造血器官和肾脏，可造成急性腹痛和瘫痪，严重者甚至休克、死亡。镉和砷主要来自电镀制品，砷在陶瓷制品中有一定的含量，在酸性条件下易溢出。

因此，在选择设备时，首先应考虑选用不锈钢材质的。一些在常温常压、pH 值中性条件下使用的器皿、管道、阀门等，可用玻璃、铝制品、聚乙烯或其他无毒的塑料制品代替。而食盐对铝制品有强烈的腐蚀作用，应特别注意。

生产绿色食品的设备应尽量专用，不能专用的应在批量加工绿色食品后再加工常规食品，加工后对设备进行必要的清洗。

5. 加工企业的人员与管理

食品生产者必须至少每年进行一次健康体检，绿色食品生产者必须体检合格才能从事该项工作。绿色食品生产人员及管理人员必须经过绿色食品知识系统培训，对绿色食品标准有一定的理解和掌握，并可以从事绿色食品加工生产管理。加工企业应具有完善的管理系统。

6. 制定完善的生产规程和健全的规章制度

绿色食品加工企业必须拥有具体的、全面的生产记录，这是健全和改善绿色食品生产管理，提高绿色食品生产企业的自律性所必需的，也为绿色食品发展中心的认证、管理和抽查提供审查依据。生产记录的内容应包括原料来源、加工过程、销售等环节的详细情况。

（三）马铃薯加工对加工工艺的要求

绿色食品加工工艺应采用食品加工的先进工艺，只有技术先进、工艺合理，才能最大限度地保留食品的自然属性及营养，并避免食品在加工中受到二次污染。但先进工艺必须符合绿色食品的加工原则，辐射保鲜工艺是绿色食品加工所禁止的。

绿色食品加工要求最大限度地保持其原有的营养成分和色、香、味，故加工工艺中与绿色食品加工原则相抵触的环节必须进行改进。例如，过去在粉丝生产中加入明矾增加粉丝的韧性，但早在 1989 年世界卫生组织（WHO）就已将"铝"确定为食品中的有害元素加以控制，并认为铝是人体不需要的金属元素。因此，粉丝生产工艺中明矾的问题不解决，就不可能通过绿色食品认证。

二、马铃薯的市场信息

（一）鲜薯市场现状与消费趋势

1. 食用鲜薯消费

传统的马铃薯在 20 世纪六七十年代被列为高产粗粮作物，以缓解细粮供应不足。80 年代联产承包责任制之后，农民生产积极性迅速高涨，主要种植小麦、水稻、玉米等粮食作物，除在贫困山区外，马铃薯已从口粮范围退出。90 年代后，马铃薯生产再次升温，更多向蔬菜、加工原料和饲料发展。

在欧美发达国家，人均消费鲜薯在 60kg 以上，我国由于对马铃薯营养价值的认识不足，人均消费鲜薯仅 14kg。随着人们对马铃薯营养价值的认识提高和消费结构的改善，以及工业化进程的加速推进，国内马铃薯消费量大幅度增长，每年要增加鲜薯消费量 1 500 万 t。

2. 鲜薯加工转化

在所有作物中，马铃薯的产业链是最长的。马铃薯块茎可作为粮食和蔬菜直接食用，直接在市场销售，也可加工成速冻薯条、油炸薯片、膨化食品、脱水制品等各种休闲食品、方便食品及全粉（包括雪花粉、颗粒粉，是快餐中薯泥的原料）。目前，国内加工原料薯转化，主要是以淀粉产品为主，年处理鲜薯仅 300 万 t 左右。从发展前景来看，随着我国的工业化发展进程和食品行业兴旺，淀粉的需求量将逐步增加。据权威专家预测，到 2030 年仅国内马铃薯精淀粉的需求量就会达到 180 万 t，年转化原料薯将达 1 080 万 t。马铃薯淀粉中约 70% 为支链淀粉，与玉米淀粉相比，马铃薯的淀粉的糊化度高、糊化温度低、乳结力强、透明度好、用途广。特别是马铃薯变性淀粉，已广泛用于医药、造纸、纺织、铸造等多种工业。通过加工增值，马铃薯已成为多数产区的经济支柱和优势产业。

另外，随着国民生活水平的提高和生活节奏的加快，人们的膳食习惯和消费观念将有较大改变，消费趋势显现出多样化、国际化。目前，国内仅薯条每年就要进口 10 万 t，薯片、薯泥等休闲食品的需求更是方兴未艾，未来几年我国以马铃薯作为方便食品的人口将达到 2 亿左右，相当于德国、荷兰、英国、法国、西班牙、意大利、丹麦七国的总和。总之，我国马铃薯加工原料薯的市场需求潜力巨大。

（二）对马铃薯产业的认识和重视程度不够

长期以来，在许多地区马铃薯处于一个尴尬的境地，是粮食又算不上粮食，当蔬菜看待又算不上真正的蔬菜，更没有被作为重要的工业原料看待，在农业生产中排不上位置，在市场上价格低廉备受冷落，生产、科研、加工等均不为人们重视，缺乏对马铃薯产业化的专门研究，缺少促进发展的硬措施。另外，现在许多民众对马铃薯食品的消费还有相当大的误解，错误地认为马铃薯淀粉含量高易导致发胖等。

正确的做法是，应充分把握现代社会人们追求营养、健康、担心饮食发胖等心理特点，由大的行业协会联合营养健康学会大力宣传马铃薯低脂肪、低热量、富含多种维生素和膳食纤维的营养特点，努力推广马铃薯泥、马铃薯面包、马铃薯方便面、薯糕、马铃薯饮料等新型加工食品，引导消费。这对推动马铃薯生产、销售及食品加工业等整个马铃薯产业的发展意义重大。

第二节 生产成本核算及控制

一、马铃薯收入核算

马铃薯栽培主要有春提早栽培、秋延后栽培及越冬栽培、越夏栽培等形式，经济效益显著高于露地生产，马铃薯收入主要是指单位时间内种植马铃薯所能够产生的所有经济收入，它与单位时间内所种植的马铃薯作物种类、品种以及茬次有关，同时，马铃薯收入也与马铃薯市场供求关系有关。

二、马铃薯成本核算

马铃薯种植不光讲收成，更要核算成本，以求得能够产生大的经济效益。成本是一种资产价值，是商品经济的产物，它是以货币表现的商品生产中活劳动和物化劳动的耗费。商品生产过程中，生产某种产品所耗费的全部社会劳动分为物化劳动和活劳动两部分，物化劳动是指生产过程中所耗费的各种生产资料，如种子、农药、化肥等；活劳动是指生产过程中所耗费的生产者的劳动。在商品经济条件下，商品价值（W）表现为消耗劳动对象和劳动工具等物化劳动的价值（C），劳动者为自己创造的价值，即活劳动消耗中的必要劳动部分所创造的价值（V）和活劳动消耗中剩余劳动部分为社会所创造的价值（M）。用公式表示为 $W = C + V - M$，其中即物化劳动和活劳动消耗两部分是形成产品生产成本的基础。物化劳动和活劳动是形成产品生产成本的基础，对于一个生产单位来说如种植户、农场及各种企业等，在一定时期内生产一定数量的产品所支付的全部生产费用，就是产品的生产成本。

（一）马铃薯生产成本核算的原始记录

主要是用工记录、材料消耗记录、机械作业记录、运输费用记录、管理费用记录、产品产量记录、销售记录等。此外，还需对马铃薯生产中的物质消耗和人工消耗进行必要的定额制度，以便控制生产耗费，如人工、机械等作业定额，种子、化肥、农药、燃料等原材料消耗定额，小农具购置费、修理费、管理费等费用定额。

（二）马铃薯生产中物质费用的核算

（1）种子费：外购种子或调换的良种按实际支出金额计算，自产留用的种子按中等收购价格计算。

（2）肥料费：商品化肥或外购农家肥按购买价加运杂费计价，种植的绿肥按其种子和肥料消耗费计价，自备农家肥按规定的分等级单价和实际施用量计算。

（3）农药费：按照马铃薯生产过程中实际使用量计价。

（4）设施费：马铃薯种植使用的大棚、中小拱棚、棚膜、地膜、防虫网、遮阳网等设施，根据实际使用情况计价。对于多年使用的大棚、防虫网、遮阳网等设施要进行折旧，一次性的地膜等可以一次计算。折旧费可按以下公式计算：

折旧费 =（物品的原值 – 物品的残值）×（本种植项目使用年限/折旧年限）

（5）机械作业费：雇请别人操作或租用农机具作业的按所支付的金额计算。如用自备农机具作业的，应按实际支付的油料费、修理费、机器折旧费等费用，折算出每平方米支付金额，再按马铃薯面积计入成本。

（6）排灌作业费：按马铃薯实际排灌的面积、次数和实际收费金额计算。

（7）畜力作业费：使用了牛等进行耕耙，应按实际支出费用计算。

（8）管理费和其他支出：是种植户为组织与管理马铃薯生产而支出的费用，如差旅费、邮电费、调研费、办公用品费等。承包费也应列入管理费核算。其他支出如运输费用、货款利息、包装费用、租金支出、建造栽培设施费用等也要如实入账登记。

物质费用 = 种子费 + 肥料费 + 农药费 + 设施费 + 机械作业费 + 排灌作业费 + 畜力作业费 + 管理费 + 其他支出

（三）马铃薯生产中人工费用的核算

我国的马铃薯生产仍是劳动密集型产业，以手工劳动为主，因此，雇佣工人费用在马铃薯产品的成本中占有较大比重。人工消耗折算成货币比较复杂，种植户可视实际情况计算雇工人员的工资支出，同时也要把自己的人工消耗计算进去。

（四）马铃薯产品的成本核算

核算成本首先要计算出某种马铃薯的生产总成本，在此基础上计算出该种马铃薯的单位面积成本和单位质量成本。生产某种马铃薯所消耗掉的物质费用加上人工费用，就是某种马铃薯的生产总成本。如果某种马铃薯的副产品（如瓜果皮、茎叶）具有一定的经济价值时，计算马铃薯主产品（如食用器官）的单位质量成本时，要把副产品的价值从生产总成本中扣除。

生产总成本 = 物质费用 + 人工费用

单位面积成本 = 生产总成本/种植面积

单位质量成本 = （生产总成本 − 副产品的价值）/总产量

为搞好成本核算，马铃薯种植者应在做好生产经营档案的基础上，把种植过程中发生的各项成本详细计入，并养成良好的习惯，为以后马铃薯生产管理提供借鉴经验。

三、马铃薯经济效益核算

马铃薯种植要想获得较高经济效益，首先应当了解马铃薯效益的构成因素和各因素之间的相互关系，马铃薯效益构成因素一般由马铃薯产量、市场价格、成本、费用和损耗五个因素构成。各因素之间的关系可以用关系式表示：马铃薯效益 = （马铃薯产量 − 损耗）×马铃薯售价 − 成本 − 费用。总的效益除以种植面积就可以算出单位面积的效益。效益分析的另外一个因素就是产出比，其关系是：投入产出比 = 成本/马铃薯效益，产出比可以反映出马铃薯生产的经济效益状况。

1. 种植产量估算

包括市场销售部分、食用部分、留种部分、机械损伤部分四个方面。

2. 产品价格估算

产品价格估算比较容易出现误差。产品价格受到市场供求关系的制约，另一方面马铃薯商品档次不同，价格也不同。产品价格估算要根据自己生产销售和市场的情况，估算出一个尽量准确的平均价格。

3. 成本的构成和核算

马铃薯种植中的主要成本，包括种子投入、农药肥料投入、土地投入、大棚农膜设施投入、水电投入等物质费用和人工活劳动力的投入。成本核算时要全面考虑，才能比较准确地估算。

4. 费用估算

费用估算是指在马铃薯生产经营活动中发生的一些费用，如信息费、通讯费、运输费、包装费、储藏费等均应计入成本。

5. 损耗的估算

损耗的估算主要指马铃薯采收、销售和储藏过程中发生的损耗，不能忽略损耗对效益的影响。

主要参考文献

孙红男.2016.不可不知的马铃薯焙烤类食品［M］.北京：中国农业出版社.

张晨光.2016.马铃薯栽培与加工技术［M］.天津：天津科学技术出版社.

张丽莉,魏峭嵘.2016.马铃薯高效栽培［M］.北京：机械工业出版社.